福島第一原発 1号機冷却
「失敗の本質」

NHKスペシャル『メルトダウン』取材班

講談社現代新書

2443

本書は特に断りのない限り、敬称を省略しています。
また、肩書きは当時のものです。

はじめに

起きてしまった物事の本質が、時を経て初めて見えてくることがある。

未曾有の事故から6年半。当初は見えなかった事故の本質が姿を現し、今になって驚かされることがある。象徴的なのが、東京電力本店や総理官邸からの要請に逆らって、現場の安全を貫いたリーダー・吉田昌郎《よしだまさお》・福島第一原子力発電所所長の名を一躍高めた1号機の海水注入騒動である。

事故2日目の2011年3月12日夕刻、メルトダウンして水素爆発を起こした1号機の原子炉を冷やすために、現場では、消防ホースを長々とつなぎ合わせて、海水を原子炉へと注入するラインを作り上げる。ようやく注水を始めたまさにその時、吉田所長に電話が入る。官邸の了解が得られていないと判断した本店が「注水を中止しろ」と命令してきたのである。ところが、ここで吉田所長は、とっさに機転を利かせ、本店が見ているテレビ会議では大声で「海水注入を中断する」と報告する裏で、部下には「絶対に注水をやめるな」と指示。海水注入は中断されることなく続けられる。後にこの顚末《てんまつ》が明らかにされると、1号機の事態悪化を食い止めた英断だと、日本中が吉田所長に喝采を送った。一方、なぜ中止命令に至ったのか、本店や官邸の意思決定の混乱については、様々な角度から検証が行われ、悪しき現場介入と批判された。これが世に知られた1号機の海水注入騒動だった。

ところが、事故から5年半が経った2016年9月、衝撃的な研究結果が報告された。最新のシミュレーションの結果、3月12日から3月23日まで1号機の原子炉に、ほとんど水が入っていなかったことが明らかになったのだ。日本中を驚かせ、感動させた吉田所長の英断は、1号機の冷却に、ほとんど貢献していなかったのである。この騒動で検証すべきは、本店や官邸の現場介入や、それを止めた現場トップの英断というより、海水注入がほぼゼロだった原因や、そのことを本店も官邸も、そして、吉田所長たち現場も、なぜ12日間も見過ごしていたのかという実態ではなかったのか。そこにこそ海水注入騒動の本質があったのではないだろうか。新たに判明したこの問題については、本書の4章と5章で、テレビ会議に残されていた3万4000回あまりの事故対応の発話記録を人工知能も使って読み解いた分析結果を踏まえて、詳しく検証していく。

6年の歳月が積み重なるに従って、原子炉の状態や事故対応の詳細が解明され、事故の核心部分が次第にくっきりと姿を現してきた。福島第一原発事故には、重要な節目がいくつかあるが、事故の行く末を決定づけたともいえる分岐点が、他ならぬ1号機の冷却失敗である。福島第一原発では、巨大地震の発生で外部電源が失われたが、運転中だった1号機から3号機の3つの原子炉は、多重にあった冷却装置がそれぞれ正常に作動した。これらの冷却装置は、巨大津波の被害も免れ、3号機の原子炉は1日半、2号機の原子炉は3日間冷やし続けられた。しかし、1号機は、津波による全電源喪失で、唯一残った冷却装置・イソコンの計器が見えなくなって、作動しているかどうかがわからなくなった。現場は、様々な対応を重ね、危機を乗り越えようとしたが、イソコンの冷却機能をいかすことができず、1号機の原子炉は、津波直後からほとんど冷やされていなかった。この結果、1号機の原子炉は、11日夜にメルトダウン。翌12日には水素爆発を起こし、現場が懸命に続けてきた電源の復旧作業も頓挫してしまう。間近に迫っていた電源復旧が遠のくなかで、3号機、2号機も連鎖的にメルトダウンに至り、福島第一原発は、大量の放射性物質を放出し、福島の地を汚染してしまう。

もし、イソコンが本来持っていた冷却機能を十分いかすことができていれば、福島第一原発事故の進展は変わっていた可能性がある。

初動段階で1号機の原子炉を冷却できなかったことは、廃炉作業にも重くのしかかってきている。1号機から3号機まで3つの原子炉から生み出された核燃料デブリは、推定8

80トン。このうち最初にメルトダウンした1号機の核燃料デブリはおよそ279トンに達する。早くに溶け落ちた1号機の核燃料は、原子炉の底を突き破り、格納容器の床のコンクリートの奥深くまで侵食している可能性が高い。コンクリートと混ざり合ったデブリの取り出しは、より一層困難になる可能性が指摘されている。

40年とも言われる廃炉作業の費用が、当初の見積もりの4倍にあたる8兆円に膨れあがるという試算も2016年末に公表された。

果てしなく続く核燃料デブリとの格闘と向き合わざるを得ない時、なぜ、ここまで核燃料は溶け落ちてしまったのか、被害がこれほど拡大する前に食い止めることはできなかったのかという疑問が頭をもたげてくる。

なぜ、冷却に失敗したのか。この疑問にこだわって、私たち取材班は、6年にわたる検証取材を続けてきた。事故対応の検証はもちろん、40年以上前の福島第一原発の黎明期《れいめいき》にまで遡って、事故に至るまでの経緯を詳細に取材した結果、当初は想像もつかなかった事実や新たな証言を発掘することができた。そして、その深層を掘り下げていくと、原発への危機対応にとどまらず、広く日本の組織の危機対応に通じる教訓が浮かび上がってきた。この問題については、1章から3章にかけて、アメリカ取材で判明した日米の違いも踏まえて、詳しく述べていきたい。

『失敗の本質』という書籍がある。先の大戦における日本軍の失敗を教訓としていかすため、失敗の意義を探求した著名な作品である。この中で、日本軍という組織は、実は平時には有効に機能したが、危機、すなわち不確実性が高く、不安定な状況では有効に機能しなかった。それゆえ、危機に直面した日本の現代組織にとっても重要な教訓になりうる、と繰り返し記されている。

福島第一原発事故の検証取材を続けていると、非常に似た感覚に襲われることがある。あの事故への対応も、巨大地震が起きた直後は、マニュアルに従って、ほぼ有効に機能していた。ところが、巨大津波の到達で全電源喪失という、不確実性が高く、不安定な状態が続く本当の危機を迎えた途端に、リーダーや現場の個人個人が懸命の努力を尽くしても、その集合体である組織が機能不全に陥り、事故の進展を食い止めるチャンスを失っていく。その姿は、どこか日本の組織全般に通じる危機対応における構造的な弱点に見えてこないだろうか。

本書は、6年にわたる検証取材を通して、新たに見えてきた事故の本質と言うべき問題の深層に何があるのかを掘り下げたものである。その探求から、事故の再発防止につながる教訓はもちろん、不確実で不安定な危機というものに備えて、今の、そして、これからの日本社会が何を考えていかなければならないのかという教訓を読み取って頂けるならば、これ以上の喜びはない。

2017年9月

ＮＨＫ報道局・ネットワーク報道部　部長　近堂靖洋

目次

原子力関係者に衝撃を与えた1号機〝注水ゼロ〟／5年半でがらりと変わった解析結果／1号機の海水注入騒動の顚末／海水はどこに消えたのか？／事故発生から2年浮かび上がった消防注水の「抜け道」／検証を続けていた東京電力／1号機　10本の「抜け道」の検証／衝撃の注水量　1秒あたり0・075リットル／遅すぎた注水開始　生み出された大量の核燃料デブリ／MCCIが生み出した大量の水素は何をもたらしたのか／誰も見抜けなかった〝注水ゼロ〟

第5章

1号機の消防注水の漏洩はなぜ見過ごされたのか？——

「東電テレビ会議」人工知能解析でわかった吉田所長の極限の疲労

吉田所長が語っていた「1号機注水への疑問」／失われていく〝記憶〟／メディア以外には閉ざされたテレビ会議記録／人の会話などの文章を解析する人工知能〝Watson〟／加わった危機管理の専門家／人工知能で人の疲労を〝定量化〟する／東京電力本店　無人のテレビ会議視聴室／特徴的な吉田の言いよどみ／現場の意識はどこへ向いていたのか？／3月13日　置き去りにされた1号機／リスク管理でも未知の領域「連鎖災害」／200キロ離れた場所からの1号機注水への助言／事故対応〝組織〟を巡る課題／データが浮かび上がらせた吉田の極限の疲労／吉田所長への過度な依存／そして訪れた限界／テレビ会議が問いかけるもの

プロローグ

廃炉作業に立ちはだかる
巨大デブリ

6年目の福島第一原発

「あのあたり、ほんとに桜がきれいだったんですよ。発電所内でもよくお花見をやったもんです」

東京電力・福島第一原発の事故から6年が経った2017年4月初旬。廃炉作業の最高責任者、増田《ますだ》尚宏《なおひろ》はこう言って、構内を移動するバスの窓から遠くへ目をやった。福島第一原発はかつて、東京電力が所有する施設の中でも、豊かな緑が自慢の桜の名所だったという。環境美化などを目的に植えられた1200本の桜が開花すると、構内は一気に春めき、発電所で働く人たちを楽しませた。

しかし、増田の目線の先に、桜はない。見えるのは、全面をグレーの防錆剤《ぼうせいざい》で塗りたてられた無数のタンクや、原子炉建屋《たてや》のそばに林立する鋼鉄製の巨大なクレーンだ。樹木はまばらで、花見とは無縁の、実に無機質な景色が広がっている。

福島第一原発がある福島県東部は、県内でも春の訪れが早い。阿武隈高地、奥羽山脈という南北に延びる2つの山地によって、福島県は東の浜通り、中部の中通り、そして西の会津と3つの地域に分けられ、それぞれ気候も異なる。桜前線はまず、温暖な浜通りを北上し、中通りを南下したあと会津に移っていく。浜通りで桜が見頃を迎えるのは4月上旬。

廃炉作業の陣頭指揮にたつ増田尚宏（福島第一廃炉推進カンパニー代表）。震災当時は福島第二原発所長として事故対応にあたった（©NHK）

この頃には、そこかしこで花見が開かれた。

福島第一原発と第二原発のちょうど中間あたりに、浜通り有数の桜の名所「夜《よ》ノ森《もり》公園」がある。この公園での花見は、2つの原発に勤める関係者たちにとって恒例行事だった。第二原発の所長を務めていた増田は、2011年の早春、花見の日程をどうするか、吉田に相談したことを、いまでもはっきりと覚えている。事故の直前のことだった。

未曾有の原発事故で、浜通りの春は一変した。ふるさとを追われた住民がいなくなって街は荒れた。当たり前にあった暮らしは寸断され、桜を愛《め》でる人も少なくなった。

それでも、復興は少しずつ進んでいる。2017年3月末には、原発周辺のほとんどの地域で避難指示が解除された。夜ノ森公園では、事故の後としては初めて、7年ぶりに「桜まつり」が開かれ、大勢の花見客でにぎわった。

この間、福島第一原発では廃炉作業が進められ、構内はさまざまに変化した。水素爆発で散乱した瓦礫《がれき》は片付けられ、汚染された土壌をはぎ取った後の地面は幾重にも舗装された。爆発の衝撃でぐにゃりと曲がった鉄骨がむき出しになり、無残な姿をさらしていた原子炉建屋は、内部に残された核燃料の取り出しに向け、解体の準備が始まっている。環境も改善された。放射線量は事故直後と比べて大幅に下がり、今では敷地のほとんどで防護服の着用は不要となった。一方で、原子炉建屋の内部は依然として高い放射線量が計測され、簡単に近づくことはできない。2017年3月には増え続ける汚染水の量は100万トンに達し、保管するタンクは900基を超え、その広大な敷地を埋め尽くそうとしている。福島第一原発と並んで一時、危機的な状況に陥っていた福島第二原発を復旧させた増田は今、廃炉を進めるリーダーとして6000人もの廃炉作業員を束ね、日々、奔走している。

廃炉作業に必要なスペースを確保するため、事故の後、構内にあった雑木林や街路樹はことごとく切り倒された。桜も例外ではなかった。しかし、作業員が行き交う「桜通り」と呼ばれる道路には、かろうじて桜並木が残っていて、増田が言う往年の華やぎを彷彿《ほうふつ》させた。

廃炉作業に支障がなければこの桜だけは切らないでほしい。作業員たちの強い要望を受け、

福島第一原発構内の桜並木。一部を残して大半は伐採された。敷地の放射線量も下がり、一部を除いて防護服の着用も不要となった（写真右）。（©NHK）

伐採を免れたという。数奇な運命を知る由もなく、桜はこの春も、丸いつぼみを膨らませていた。

福島第一原発ではいま、人類が経験したことのない廃炉作業が続けられている。事故から６年が過ぎた２０１７年は、今後の作業をどう進めていくのかを決める節目の年となる。

原発事故では、１号機から３号機まで３つの原子炉で核燃料がメルトダウンし、核燃料は炉内の構造物と混ざり合った「核燃料デブリ」と呼ばれる塊となっていると見られている。その量は推定８８０トン。このデブリをどのように取り出すかが、廃炉の最大の難関とされている。２０１５年に国が決めたおおまかな工程表では、汚染水対策やデブリの取り出し、廃棄物の処理などの廃炉作業は30年から40年かかるとされる。

最難関のデブリの取り出しは２０２１年から始

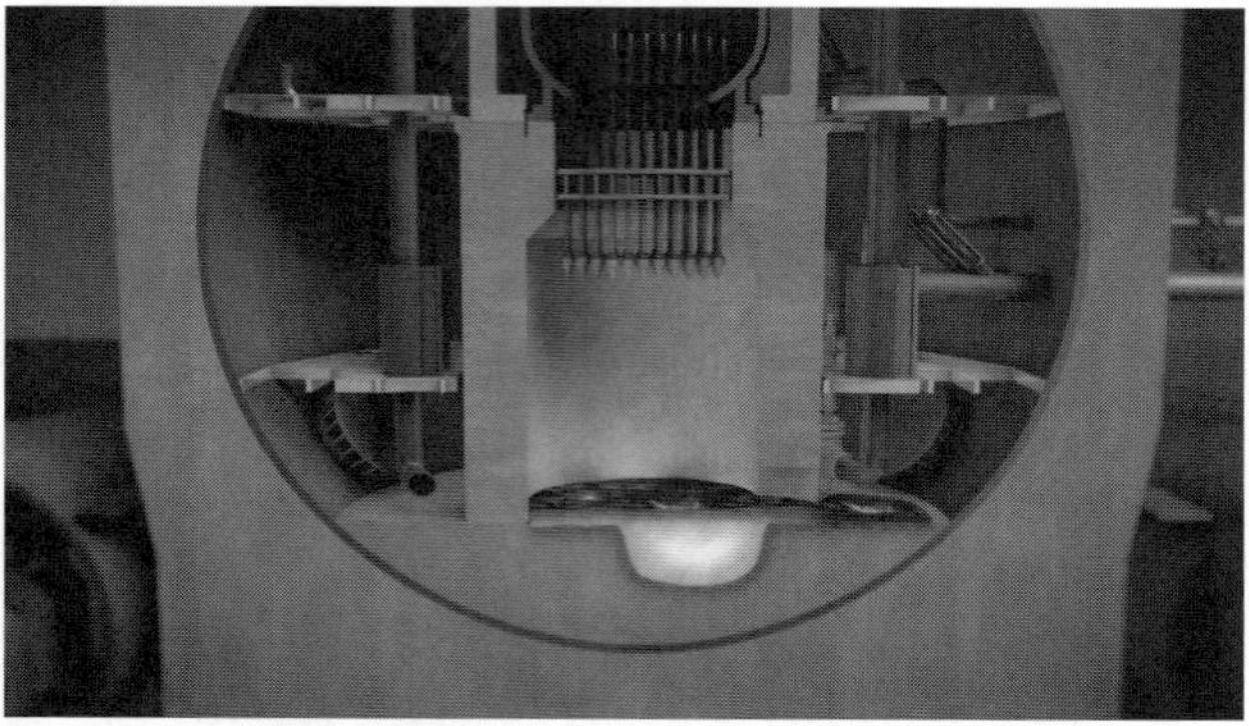

解析コードSAMPSONを用いたシミュレーションでは、高温になった核燃料は原子炉を突き破り、原子炉を覆っている格納容器のコンクリートを侵食し、一部が原子炉を支える土台の開口部から外側に広がったと推測されている（©NHK）

められる計画で、このデブリを取り出す工法の方針を決めるのが、２０１７年9月とされているのだ。

その前提としてまず、デブリが一体どこに、どのような状態であるのかを把握しなければならない。これまで、その姿は一度も確認されていなかったが、事故から6年たってようやく、核燃料が溶け落ちた3つの原子炉の間近にカメラを入れ、デブリの撮影を試みるプロジェクトが実施された。

難航するデブリ調査

事故で最初にメルトダウンが起きた1号機。解析などによると、冷却できなくなった高温の核燃料は原子炉を突き破り、そのほとんどが原子炉を覆っている格納容器の

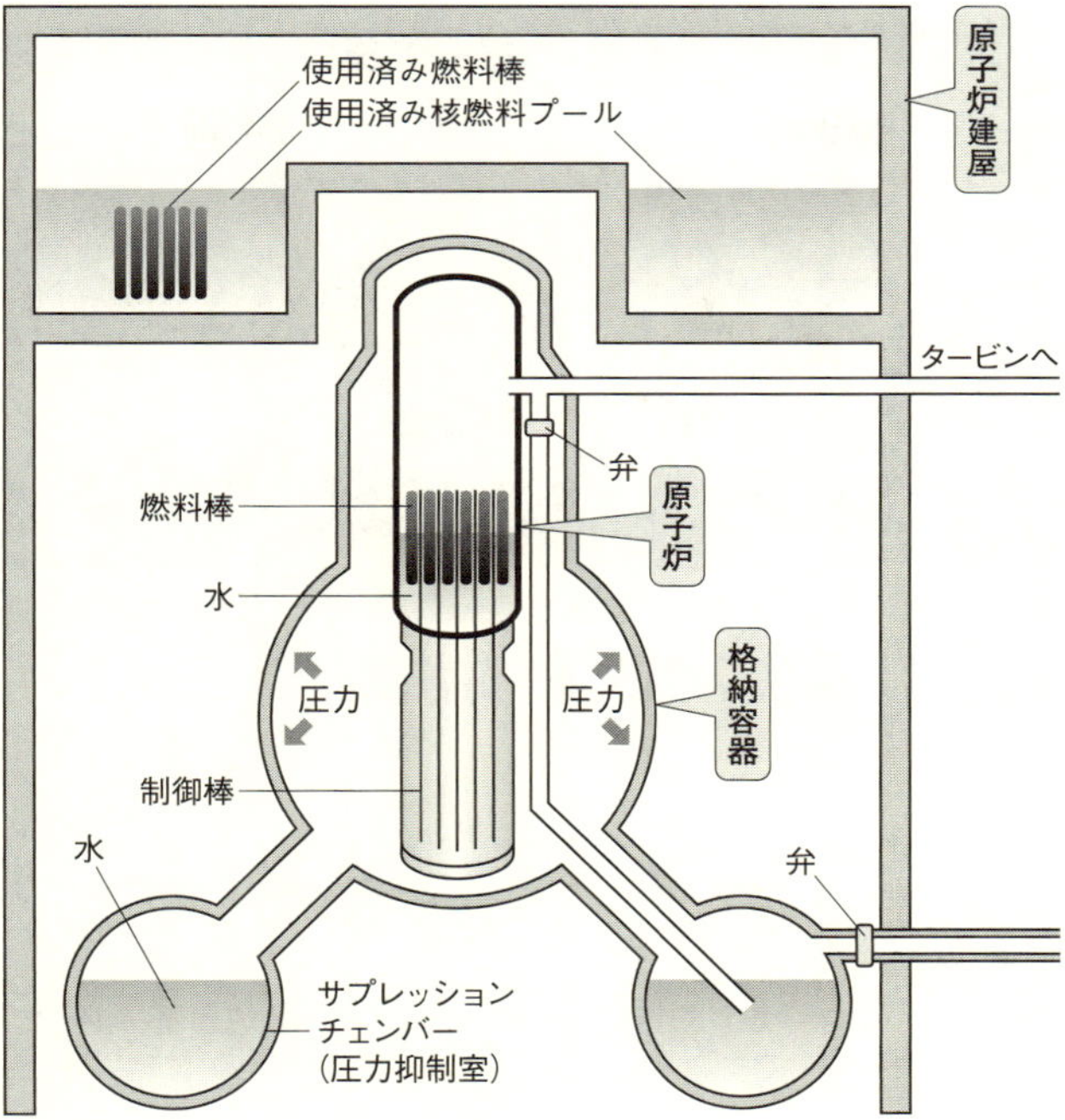

原子炉建屋の構造（解説は東京電力ホームページより引用、一部改変）

原子炉建屋：格納容器及び原子炉補助施設を収納する建屋で、事故時に格納容器から放射性物質が漏れても建屋外に出さないよう建屋内部を負圧に維持している。別名二次格納容器ともいう

原子炉：原子力発電所の心臓部。ウラン燃料と水を入れる容器で、蒸気をつくるところ。厚さ約16㎝の鋼鉄製で、カプセルのような形をしており、その容器の中で核分裂のエネルギーを発生させる。高い圧力に耐えることができ、放射性物質をその中に封じ込めている

格納容器：原子炉など重要な機器をすっぽりと覆っている鋼鉄製（厚さ約3.8㎝）の容器。原子炉から出てきた放射性物質を閉じ込める重要な働きがある

伸張した状態ではヘビのような細長い形をしているが、2ヵ所で関節が折れ曲がり、「コ」の字形になる。釣り糸を垂らすようにカメラと線量計を備えた装置を水中に沈めて調査を行う（写真：IRID）

底に落ちてデブリとなった。デブリは格納容器のコンクリートを深く侵食し、一部が原子炉を支える土台の開口部から外側に広がったとみられている。詳しい状況は分かっていないが、現在は、除熱と放射線の遮蔽のために注がれている、深さおよそ2メートルの水中に沈んでいるとみられている。

1号機の調査の目的は、格納容器の内部にデブリがどのように広がっているかを、カメラや線量計を使って確認することだ。格納容器の内部は強い放射線のため、人間が入ることはできない。そこで投入されたのが遠隔操作で動くロボットだ。全長70センチ、直径10センチ弱のロボットは、格納容器内部へ通じる直径10センチほどの配管を通ることができる。今回の調査のために国からの補助金を受けて、原発メーカーや東京電力などで作る国際廃炉研究開発機構（ＩＲＩＤ）が開発。伸張した状態ではヘビのような細長い形をしているが、２ヵ所で関節を折り曲げるとカタカナの「コ」の字形にも変形できる。ロボットは、格納容器の中にある作業用の足場を移動して、デブリがあるとみられるポイントの上から、釣り糸を垂らすようにカメラと線量計を備えた装置を水中に沈め、データを集める。

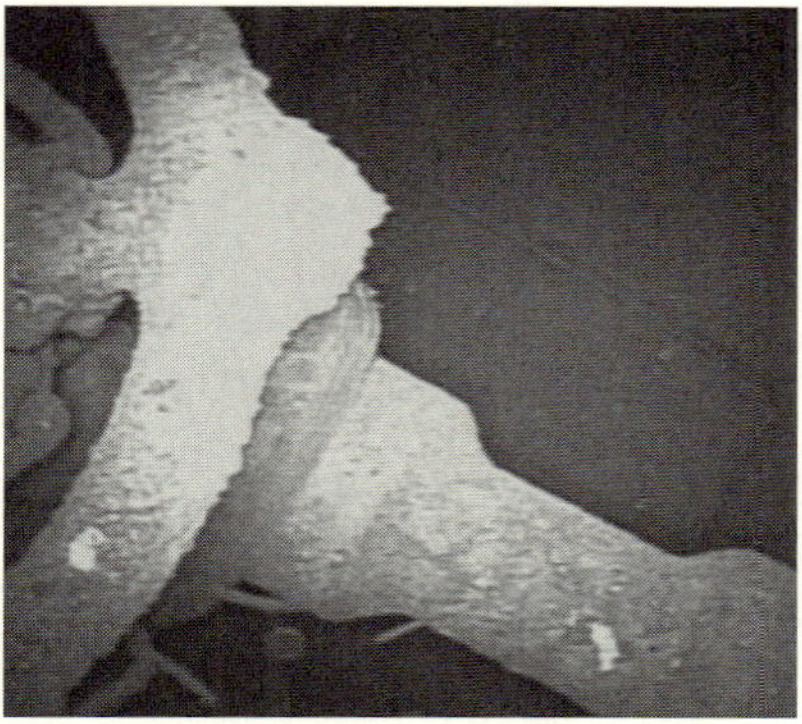

IRIDのロボットが撮影した1号機格納容器の内部。水の濁りは思いのほか少なかった
（写真：東京電力）

２０１７年3月18日、満を持してロボットは投入された。格納容器内部へと通じる配管を通って進入し、作業用の足場の上を順調に進んだ。複数のポイントで水中の映像を撮影し、水深5センチごとに放射線量を計測した。映像を見る限り水は澄んでいる。配管や、弁のハンドルなどの構造物はさびて変色しているものの、事故前と同じ状態を保っているように見える。不思議なことに、内部は一様に、砂のような白い堆積物に覆われていた。

放射線量のデータも送られてきた。あるポ

ガイドパイプを用いた2号機の格納容器内部調査の様子（写真：東京電力）

イントでは、水面から70センチ下で1時間あたりの放射線量が2シーベルトだったのに対し、さらに30センチ下がると9シーベルトに急上昇。放射線量は、格納容器の底に近づくほど、また、デブリがあるとみられる場所に近づくほど高まることがわかった。この傾向は、デブリの一部が格納容器の底に広がっているということれまでの想定と矛盾しなかった。

しかし、思わぬトラブルに見舞われる。デブリが広がっている可能性がある肝心のポイントで、カメラが配管などの構造物に突き当たり、格納容器の底まで降ろせなくなったのだ。底の状態を撮影しなければ、デブリの有無が具体的に確認できない。別のポイントに位置をずらしても同じ。結局、1号機ではデブリの姿は撮影できず、水中で計測した放射線の線源を特定す

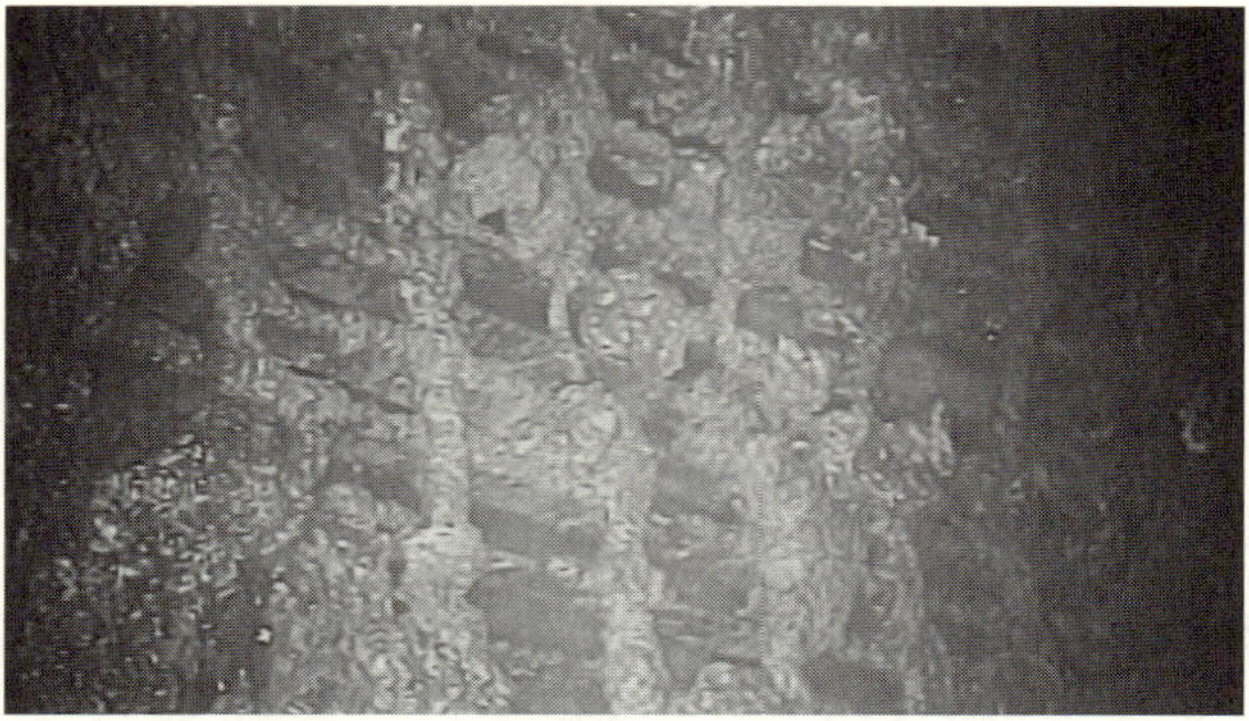
2号機格納容器内部調査で撮影した、原子炉真下の足場付近。黒みがかったおびただしい堆積物がこびりついている（写真：東京電力）

ることもできなかった。

高線量の衝撃

１号機よりも原子炉の近くにカメラを入れたのが、２０１７年1月30日から始まった2号機の調査だった。

シミュレーションによると、2号機でも、メルトダウンした核燃料は原子炉を突き破った。２号機の調査の目的は、格納容器の中心部、原子炉真下の状況を確認し、デブリの状態を把握すること。１月末から2月中旬にかけて、やはり遠隔操作のロボットなどによる3回の調査が行われた。まず、先端にカメラを備えた「ガイドパイプ」と呼ばれる棒状の装置を差し込んで状況を把握したあと、ロボットを相次いで投入し、内部の撮影と放射線量の計測を試みる計画だ。

注目を集めた調査は、初日から大きく展開した。ガイドパイプのカメラがさっそく、事故で変わり果てた内部の状況の撮影に成功したのだ。LEDの小さな明かりを頼りに、暗闇を進んだカメラは、原子炉真下の足場が溶け落ちたように脱落しているようすをとらえた。さらに奥には1メートル四方の穴があいていることもわかった。足場の広い範囲には銀色、あるいは黒みがかったおびただしい堆積物がこびりついていた。

カメラを上に振ると、原子炉の構造物の様子が確認できた。ここはもともと、制御棒と呼ばれる原子炉の出力を調整する装置があり、配管やケーブルが複雑に張り巡らされている。原型はとどめているものの、やはり黒みがかった物質がしたたり落ちたように付着している。原子炉の底に穴があいているのか、冷却のために注がれている水

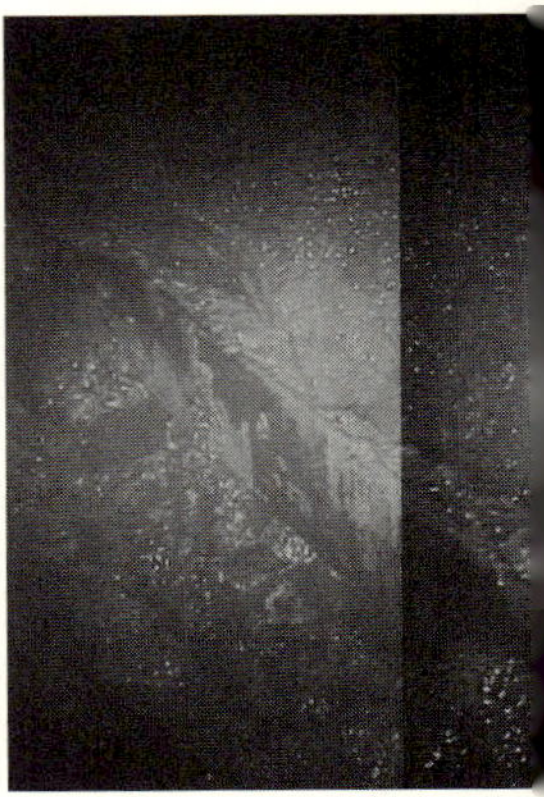

2号機格納容器内部。金属製の足場は溶けたように脱落していた（写真：東京電力）

が、しとしとと雨のように降り注いでいた。

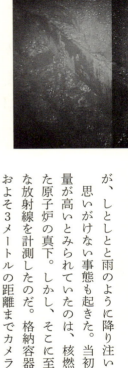

思いがけない事態も起きた。当初、最も放射線量が高いとみられていたのは、核燃料が溶け落ちた原子炉の真下。しかし、そこに至る途中で強烈な放射線を計測したのだ。格納容器の中心部までおよそ3メートルの距離までカメラを近づけたとき、映像に大量のノイズが発生した。電子機器が強い放射線の影響を受けた時に起きる現象だ。ノイズの量から推定された放射線量は1時間あたり最大70シーベルト。十数分もあびれば人が死に至る極めて高い値だ。過去に2号機の格納容器の中で計測された73シーベルトとも同程度の放射線量で、格納容器の内部が広い範囲にわたって汚染されていることを裏付けている。一方、カメラが原子炉の真下に到達するとノイズは収まり、放射線量も20シーベルトに下がった。

デブリ以外にも強い線源があるのか。続いて行われた2台のロボットによる調査には俄然《がぜん》、注目が集まった。やはり、ほぼ同じ場所で1時間あたり80シーベルト（ノイズをもとにした推定値）、70シーベルト（線量計の実測値）と、同レベルの強烈な放射線を計測した。しかし、ロボットは原子炉の真下に到達する手前で挫折してしまう。ルートの上にこびりついた堆積物を乗り越えられず、さらに堆積物の破片が駆動ベルトに挟まって進めなくなってしまったのだ。

東京電力は、謎の堆積物をデブリと断定していないものの、原子炉から核燃料がなんらかの形で溶け落ちた可能性があるとみて映像の分析を進めている。

高線量の謎を解く

2号機の調査で改めて確認された極めて高い放射線量はいったい何を意味するのか。今回、取材班は専門家とともに独自に分析を行った。すると、デブリの取り出しに立ちはだかる〝壁〟が見えてきた。

なぜ、デブリがあると考えられている原子炉の真下ではなく、そこに到達する手前の空間で高い放射線量が計測されたのか。核燃料の性質に詳しい、東京都市大学教授の高木直《たかきなお》行《ゆき》は、原因はデブリ以外のほかの物質にあると指摘する。

「原子炉が非常に高温になると、原子炉上部を密閉する蓋《ふた》や、格納容器へと通じる弁などの構造材の一部が溶ける。溶けた構造材に原子炉から漏れてきたセシウムなどの放射性物質が高い濃度で付着し、格納容器の内部に降ってきて局所的にたまる」

2号機は水素爆発こそ起きなかったが、メルトダウンした3つの原子炉の中で最も多くの放射性物質を外部に放出したとみられている。2号機は、事故の直後に起動した非常用の冷却装置ＲＣＩＣ（原子炉隔離時冷却系）が、３日間にわたって奇跡的に稼働を続け、当初はメルトダウンの危機を免れる。しかし、ＲＣＩＣが停止したあと、発生した高温・高圧の蒸気によって原子炉内部の圧力が高まり、溶けた核燃料の熱で、付属する配管や弁などが破損。原子炉から漏れた蒸気は、その外側にある格納容器の圧力も上昇させた。放射性物質を閉じ込める「砦《とりで》」とされる格納容器の破損を回避するため、現場は、内部の圧力を抜くベントの操作を繰り返したが、一向にベント弁は開かなかった。圧力が限界に達した2号機の格納容器からは、配管のつなぎ目や蓋の部分などから、さまざまな放射性物質が一気に漏れ出したとみられている。

高木が注目したのはその一つ、セシウム１３７だ。セシウムは原発事故の際の放出量が最も多く、いまも強い放射線を出し続けている。事故の際、格納容器の内部にはセシウムなどを含む蒸気が充満し、壁や配管などに付着。これが、格納容器内部のあちこちに広がっている可能性があるというのだ。高木は、セシウムの濃度が高いと、強い線源となって点在していることが十分に考えられると指摘する。

2号機の調査で高い線量が確認されたことを、東京電力はどう受け止めているのか。福島第一廃炉推進カンパニー代表の増田は、格納容器内部に濃い濃度となって点在するセシウムに由来する可能性を踏まえつつ、作業の安全性への配慮をいっそう高めていく必要性を強調した。

「高い放射線量があるのなら、それはセシウムによるものだろうと思っています。ただ、予断をもってやってしまってはならず、事実をしっかり見極め、判断したほうがいいと思っています。高い放射線量が作業員の安全を少しでも脅かすおそれがあるのなら、その作業を、勇気をもってやめる、あるいは仕事のやり方を変える、時間をかけるべきだと思います」

現実味を帯びるデブリ取り出しの困難さ

２０１７年1月から3月にかけて行われた1、２号機での格納容器内部調査では、デブリの状況を特定することはできなかった。国や東京電力などはこれまでに、様々な手法でデブリを把握する取り組みを行ってきた。一つは、宇宙から飛来する「ミューオン」と呼ばれる素粒子を使って原子炉をレントゲン写真のように透視する調査で、もう一つは、胃カメラのような内視鏡を格納容器の中に投入して状況を確認する調査だ。これらの結果から、おぼろげながらデブリの状態は、号機によって異なっていることがわかってきた。

このうち3号機では２０１５年10月、格納容器内部へと通じる配管から内視鏡を入れる

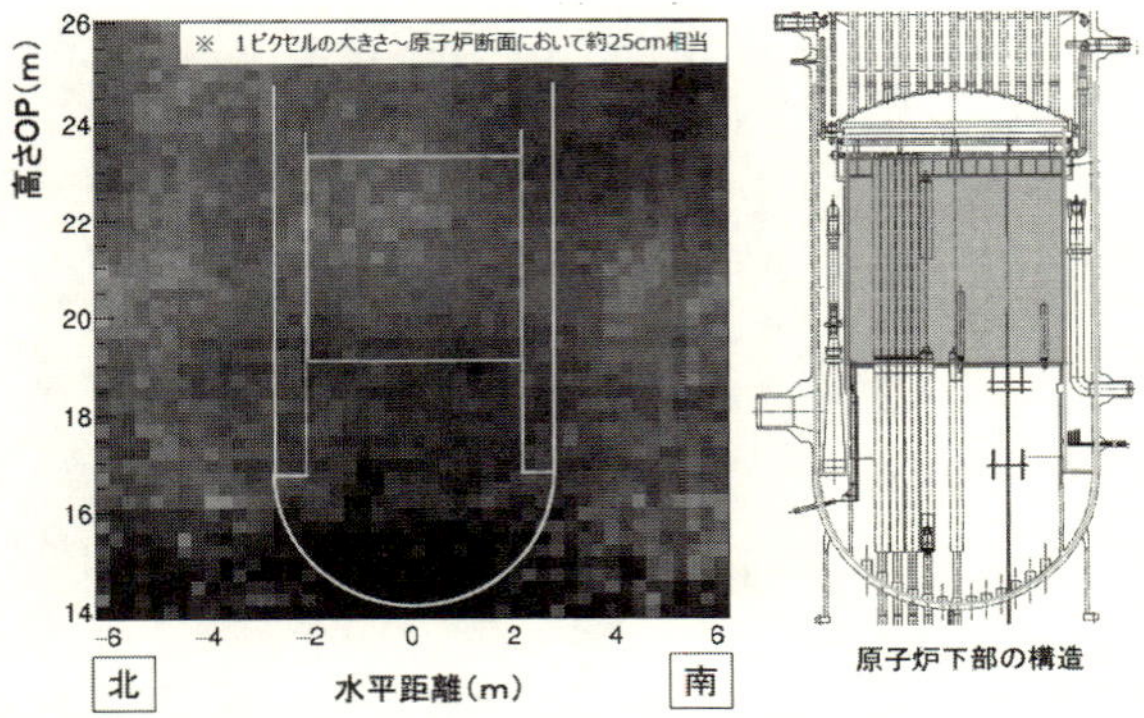

福島第一原発2号機をミューオンによる透視調査で撮影したもの。U字形の部分が原子炉で、正方形の部分が核燃料が本来あった場所。その下部の黒い部分が燃料デブリと見られる(資料:東京電力)

調査が行われた。この調査では、格納容器の壁などには大きな損傷は見当たらず、格納容器の底から6メートル40センチの高さまで水で満たされていることが確認された。これは1、2号機の水位と比べてかなり高い。また、放射線量も1時間あたり最大1シーベルトと、他号機に比べて低かった。しかし、内視鏡を水中に沈めたところ、堆積したちりのような浮遊物にカメラの視界を遮られ、底の様子を確認することはできなかった。

3号機では2017年5月からミューオンによる調査が始まり、核燃料のほとんどが原子炉を突き破り、格納容器の底に溶け落ちた可能性があることがわかった。さらに7月には、格納容器の内部に水中を進むロボットを投入する調査が行われ、溶け落ちた核燃料の

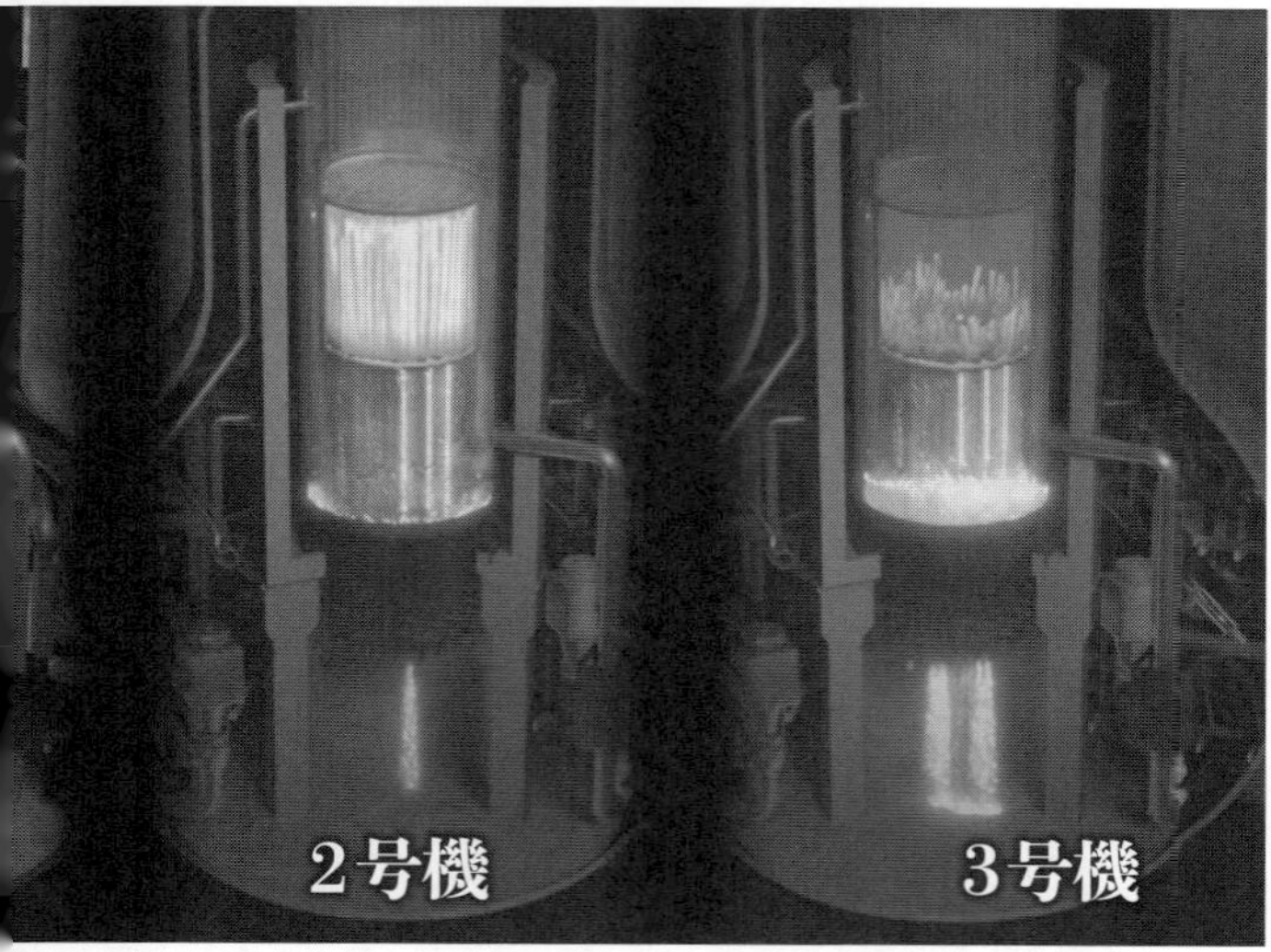

影響で激しく損傷した内部の様子が、初めて映像でとらえられた。東京電力は、構造物にしたたり落ちるように付着した溶融物について「デブリの可能性が高い」と明言。デブリとみられる塊が原子炉の下の広い範囲に散らばって堆積したり、さまざまな装置や機器に付着したりしている様子からは、極めて放射線量の高いこうした廃棄物を取り出していかなければならない廃炉の厳しさが、改めて浮き彫りになった。

　一方、1、2号機についてもミューオンを使った調査などから、内部の状況が少しずつわかってきている。

　2号機は、過去に行われたミューオンによる調査では、デブリの大部分が

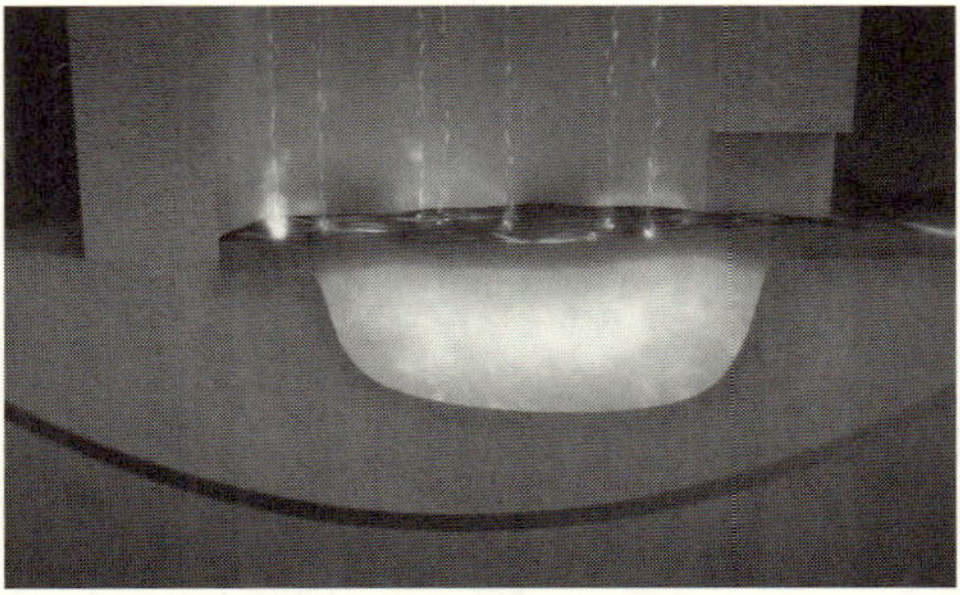

1号機ではほとんどのデブリが格納容器の底まで溶け落ちて、原子炉を覆っている格納容器のコンクリートを侵食したと考えられている（©NHK）

SAMPSONによる解析を元に作成したCG。1号機ではほとんどの燃料棒が溶け落ちて、デブリは格納容器の底にたまっていると考えられている。2号機はデブリの大半が原子炉内部に、3号機はデブリの大半は格納容器下に、一部は原子炉にとどまっていると考えられている（©NHK）

原子炉の底部に残っている可能性が示されていた。また、２０１７年１月から行われた格納容器の内部調査で、カメラが捉えた堆積物の様子から、２号機ではデブリの大半は原子炉に残っているものの、一部は原子炉真下の足場の上に付着し、さらにその下の床にも落ちている可能性が高いとみられている。

１号機は、ミューオンによる調査で、ほとんどのデブリは原子炉の底を突き破って格納容器の床まで溶け落ちた可能性が高いとされている。こうした情報から、２０１７年3月に行われた調査も、格納容器の底でデブリがどこまで広がっているかを調べることに的を絞っている。

各号機のデブリの状況は、さらに調査が進まない限り、確実なことは言えないが、最新のシミュレーションからは、少なくとも2号機は多くのデブリが原子炉の底に残ったと推定されている。これに対して、1号機と3号機はほとんどのデブリが原子炉の底を突き破って格納容器の底まで溶け落ち、中でも1号機は、格納容器の底にたまったデブリが、床のコンクリートを奥深くまで侵食するに至っているとみられている。

こうした推定を踏まえると、なぜ1号機の状況がより深刻化したのかという疑問が頭をもたげてくる。実は、この原因として、事故後の1号機の冷却の失敗が大きく影響している可能性が指摘されているのだ。

原子炉を緊急停止させ、核分裂が連鎖的に起きる臨界状態が止まると、核燃料の発熱量は時間とともに急激に下がっていく。運転中の発熱量を100%とすると、緊急停止した時点で6%あまりまで下がり、さらに1日経つと発熱量は0・7%程度まで一気に低下する。核燃料の発熱量の大きさは、メルトダウンに至るまでの時間や、メルトダウンした核燃料によるコンクリートの侵食といった影響で大きな差をもたらす。従って、事態の進展を少しでも食い止めるためには、発熱量の特に膨大な、原子炉を止めた直後の初期の段階で、いかに早く冷却ができるかが鍵を握るのだ。

しかし、1号機は、津波が原発を襲った午後3時半すぎ以降、わずか数時間のうちに冷却機能が失われ、さらにその後も、核燃料を冷やせない状態が長く続いた。このことが、冷却装置が事故直後から稼働した2、3号機と比べ、1号機の状況をより深刻化させた。先述したように最新のシミュレーションによる結果からは、1号機では、溶け落ちた核燃料が格納容器の床のコンクリートを奥深くまで侵食している可能性も浮かび上がっている。コンクリートと混ざり合ったデブリの取り出しには、他の号機にはない、より困難な対応に迫られる可能性もある。

事故から6年が過ぎても、いわば敵の正体というべき、デブリの状態はいまだはっきりと確認されていないのが現実だ。こうした状況でも、国は2017年9月に、各号機についてデブリの取り出し方法の方針を決め、翌2018年度の前半には、最も早く着手する号機について具体的な作業手順を策定し、2021年までにデブリの取り出しを始めるとしている。

デブリを取り出す上で有力とされる工法も、事故の直後からこれまでに徐々に変化している。国が当初「主軸」として検討していたのは、原子炉を格納容器ごと水に浸して、原子炉に溶け残った核燃料やデブリが出す極めて強い放射線を水で遮りながら取り出す「冠水工法」と呼ばれるものだった。しかし、事故で損傷した格納容器の水漏れを止めたり、耐震性を確保したりすることが想定以上に難しいことがわかってきた。2017年に公表された戦略プランでは、格納容器を水で満たさずに格納容器の横から取り出す「気中工法」を重点的に検討することが明記された。

放射線を水で遮らない場合、格納容器や原子炉の内部の放射線量は、最大で1時間あたり数千シーベルトのオーダーに達すると推定されている。人間は積算で6シーベルトから7シーベルトの全身被曝《ひばく》をすると、全身の細胞が壊死《えし》し99%以上の人が死亡するとされていることから、作業員は1分でさえも留まることができない。

強烈な放射線は人を寄せつけないだけでなく、電子機器やカメラの撮像素子にも悪影響を与えることから、ロボットでも作業できない恐れがある。さらに、デブリを削り出す際に気中に舞い上がる粉塵《ふんじん》の飛散対策も大きな課題となってくる。格納容器の調査が進んで、内部の状況が明らかになるにつれて、デブリの取り出しの困難さが一層、現実味を帯びてきたのである。

廃炉におけるタブー〝石棺〟

デブリを取り出すことができなかったら、どうなるのか。実は、一貫してデブリの取り出しを基本方針として掲げてきた国の廃炉戦略を司る専門機関が、デブリを取り出すことができなかった場合の方法について言及した時がある。2016年7月13日、廃炉作業に対して技術的な助言などを行う国の専門機関、原子力損害賠償・廃炉等支援機構（NDF）は、廃炉を進めるにあたっての技術的方針を示した「廃炉のための技術戦略プラン2016」を公表した。このうち、デブリ取り出しの検討方針について記した節では、「原子炉建屋での閉じ込めを確保できる期間内（数十年程度）に燃料デブリを回収して、これを、十分に管理された安定保管の状態に移した上で、最終的には、バックエンド事業〔核ごみの処分〕と同程度のリスクにすることが、基本方針である」と書かれている。

その上で、旧ソビエトのチェルノブイリ原発で採用された、核燃料を取り出さずに建屋の中に閉じ込める「石棺」と呼ばれる方法に初めて触れた。石棺では長期にわたる安全管理は困難なことから、デブリを取り出すことを大前提とした上で、「今後明らかになる内部状況に応じて、柔軟に見直しを図ることが適切である」と選択の余地を残したのだ。そして「長期的な責任継承に関する不確実性や世代間での安易な先送り等に対する懸念を十分に踏まえることが求められる」と締め括っている。

石棺という文言は、戦略プランの本文だけでなく、要点をまとめた概要版にも記載されていて、機構が、この表現を周到に吟味した上で表記したことが窺《うかが》える。

取材班は、原子力関係者や専門家の一部から、政府の廃炉の進め方に対する疑問や懸念の声を再三、耳にしていた。「政府はなぜデブリの取り出しを莫大な費用をかけて急ぐのだろうか。デブリを取り出すとなると作業員への被曝リスクを高めることにもなるだろう」とか「デブリを取り出したところで、保管や処分する先は何も決まっていない」などと、彼らは語っていた。

さらに、2016年2月、原子力規制委員会の委員長代理の更田豊志《ふけたとよし》も、福島第一原発を視察したあとの記者団の取材に対し、デブリについて「取り出すことがよいかも含めて検討する必要があると思う。取れるだけ取って、残りは固めるなどいろいろな選択肢がある」と話し、今後の調査の結果によっては取り出さない選択肢も検討する必要があるという考えを示していた。

これに対して機構は、一貫してデブリは取り出す方針を掲げてきた。にもかかわらず、「戦略プラン2016」の中で、突如として「石棺」という文言が登場し、その選択の余地が残されているかのような書きぶりだったのである。取材班も驚きを隠せなかった。

早速、記者会見の中で「なぜ今、石棺という文言に触れたのか?」と問うと、機構の担当者は「かなり低いでしょうが、デブリの状態もわかっていない現時点で、未来永劫《えいごう》、石棺方式を採用する可能性は0％とは決して言えないでしょう」と淡々と回答した。

NHKがこの戦略プランに、「石棺」の文言が初めて記載されたことを夕方6時の全国ニュースで報じると、たちまち福島第一原発の立地する町や周辺自治体の首長から「石棺などということはあってはならず、そんな結論は理解できない」とか「石棺という言葉を軽々しく出すべきでない」といった、激しい反発の声が上がった。

この晩、取材班の携帯電話が鳴った。相手は国の幹部からだった。幹部は「例の記事を書いたのは君か？」と確認した上で、「これまでの取材も含めて、国が石棺を選択しようとしていると君は考えているのか？」と、厳しい口調で抗議してきた。ニュースは、あくまでも新たに公表された戦略プランを紹介する内容で、戦略プランの本文に書かれた文言どおりに表現しただけだと取材班が説明しても、先方は納得してくれなかった。

国の幹部が電話で抗議してきた理由は、２日後にようやく理解できた。福島県知事が国に対して、石棺方式は容認できないとする旨の発言を行ったことを受けて、経済産業大臣が「石棺方式をとることは考えていない。機構に対して計画の表現について誤解を招かないよう、修正するように指示した」と、異例の修正命令を出したことを明らかにしたのだ。

「戦略プラン２０１６」の公表からわずか1週間後の7月20日、機構の理事長の山名元《やまなはじむ》が記者会見し、石棺の文言を削除した、いわば修正版の戦略プランを公表した。修正版では、石棺という文言だけでなく、石棺選択の余地を示す「今後明らかになる内部状況に応じて、柔軟に見直しを図ることが適切である」などとしていた文章も削除し、さらに「福島第一原発の廃炉ではこのような取り組みは採用しない」と強く念押ししている。

会見で山名は「住民の皆さんの誤解や心配を招きやすい表現となっていた。核燃料を長期間放置することはないという当初から言っていた姿勢は変わらず、『石棺』という言葉に意味はなかった」と述べた。さらに、修正前の戦略プランの原文が完成した時点で、事前に地元自治体に内容を伝えたところ、福島県から石棺という文言について「注意したほうがいい」と指摘を受けていたことを明らかにした。これに対して機構は「抗議を受けたり修正を求められたりしているとは受け止めず、修正はしなかった」と説明している。

機構の廃炉等技術委員会の委員長として、戦略プランの策定に助言を行ってきた東京大学名誉教授の近藤駿介《こんどうしゅんすけ》は、NHKの取材に対し「溶け落ちた核燃料のさまざまな処理方法について多様な意見に耳を傾けて検討し、技術者として『絶対』とか『100%』といった言葉は使えない中で、責任を持って取りまとめたつもりだったが、結果的に、地元への十分な配慮が足りなかったことは大きな反省だった。計画を策定する委員会のメンバーに地元福島の方が入っていないことも残念なことだと感じている」と述べている。

純粋な技術的視点で議論されるはずの廃炉のプランが、大臣の命令で、わずか1週間で修正されたことについて、日本原子力学会で廃炉検討委員会の委員長を務める宮野廣《みやのひろし》は次のように語った。

「修正前の文章も技術的な議論を十分に行ってまとめたもので、内容が間違っているわけではない。廃炉に向けてどういう方式や課題があるかを技術的に明確にしただけのことであり、基本的に修正すべきことではなかった。技術的な課題と政治的な問題はしっかりとわけたうえで、説明を尽くすことが大切だ」

その上で宮野は、これほどまで「石棺」という文言が集中砲火を浴びたのは、福島第一原発の跡地をどうしようとしているのか、どこまでの除染を想定しているのかといった廃炉の最終目標を明示しない国の姿勢に、地元の不安や不満が鬱積していたためと指摘する。

「石棺という言葉が一人歩きして議論を呼んでしまった。廃炉を最終的にどのようにどうするのか、ちゃんと議論して丁寧に説明していれば、石棺といった言葉が出てきても誤解は生じなかっただろう」

この出来事をきっかけに、福島第一原発の廃炉について「石棺」の文言を用いること、さらに考えることさえも、一切のタブーとなってしまったのである。

8兆円の〝見積書〟

2016年12月、衝撃的な数字が公表された。東京電力の改革を議論してきた経済産業省の専門家委員会の中で、将来にわたって続けられる福島第一原発の廃炉にかかる費用が、従来の見通しの4倍、8兆円へ膨れあがるとする試算が示されたのだ。

廃炉にかかる費用は、国が管理する基金を設け、東京電力があげた収益から積み立てた資金を充てることになっているが、本来、電気料金の値下げにつながる分も、廃炉費用の支払いにまわす制度が導入される。結局のところ、廃炉の費用負担は、税金や電力料金として国民負担としてのしかかってくる。

事故から6年近く経ってようやく示された「廃炉の見積書」。8兆円は目もくらむような金額だが、これはあくまでも現時点での見積額である。廃炉の技術は開発の途上でまだ確立されておらず、さらに出費がかさむ可能性は高い。猛烈な放射線を発する何百トンもの巨大デブリをどうやって安全に取り出すのか。その作業のハードルの高さはかつて人類が体験したあらゆる難事業をはるかに上回るだろう。

さらに、首尾よくデブリを取り出すことができたとしても、保管場所や処分方法については何一つ決まっていない。「核のごみ」と呼ばれる、一般の原発から出る高レベル放射性廃棄物の処分場はおろか、原発を解体する際に出る低レベル放射性廃棄物の処分場すら決まっていないのが現状である。猛烈な放射線を発するデブリを積極的に受け入れる自治体があるとは思えず、最終処分場選びは難航を極めるだろう。処分場設置費用を含めると、廃炉費用はさらに天文学的な金額に膨らむ公算が大きい。私たち国民が負担する最終的な請求書の金額はいくらになるのか、誰一人答えることはできない。

「事故の拡大を本当に食い止めることはできなかったのか？」

果てしなく続く廃炉作業、途方もなく続くデブリとの闘いを目の当たりにして、根源的な疑問に突き当たる。それは、「事故の拡大を本当に食い止めることはできなかったのだろうか？」という疑問に他ならない。

これまで東京電力の事故調査委員会や政府事故調、国会事故調など様々な組織が、事故の真相に迫る試みを続けてきたが、事故の全体像に迫り切ったとはいえない。私たち取材班は、事故発生から6年以上かけて東京電力の技術者や作業員、原子力分野の専門家や研究者などのべ1000人以上の関係者に聞き取り調査を続けてきた。

いまだ解決されない謎や疑問点も数多いが、おぼろげながら見えてきたことがある。福島第一原発事故には、いくつかのターニングポイントがあり、そこで、いくつかのヒューマンファクター（人間側の要因）が積み重なって、事象が加速度的に悪化し、負の連鎖が次々に生まれていったということである。

吉田昌郎所長をはじめ、東京電力の技術者など数多くの当事者たちは、未曾有の大災害に果敢に立ち向かい、事故の収束に取り組んできた。中には、自らの命を賭して、暴走する核に立ち向かった福島第一原発の所員たちもいる。このように事故対応にあたった一人一人の貢献には、懸命の努力と想像を超える苦労があった。しかし一方で、組織全体として、この事故の拡大を食い止めることは出来なかった。取材を進めると、事故を食い止めるチャンスが幾度となく訪れながら、ことごとくその機会を見逃していく事態があったことに気づかされる。この事実は極めて重い。

いまだ検証の途上にある福島第一原発事故。実は、核燃料デブリの調査が精力的に進められた2016年から2017年にかけて、事故発生から続けられてきた調査や研究から、これまでの事故像を覆す新たな事実が相次いで判明している。このように、時を経て明らかになった事実の一つ一つを私たち取材班は、丹念に追い求めることに努め、この事故の深層にどのような教訓が潜んでいるのかを探ってきた。本書は、そうした検証取材の記録である。

第１章

正常に起動した1号機の冷却装置は なぜ停止してしまったのか？

致命傷となった情報共有の失敗

フランスに渡った吉田調書

事故から6年あまりが経った2017年5月。原発大国・フランスで福島第一原発をテーマにした書籍が出版された。タイトルは『福島第一原発事故：原発所長の証言から』。その名が示すように、吉田昌郎所長の証言記録、いわゆる吉田調書の一言一句をフランス語に翻訳したものだった。実は、フランスでは、2014年に日本で吉田調書が公開されると、400ページ、のべ28時間にわたる証言記録をすべてフランス語に翻訳して、原発関係者だけでなく、広く国民に読んでもらおうという取り組みが進められていた。これまでに2冊が刊行され、今回の出版で、吉田調書はフランス語に完訳されたことになる。吉田調書はフランスに渡ったのである。翻訳に取り組んだのは、パリ国立高等鉱業学校の研究チームだった。パリ国立高等鉱業学校は、数々のノーベル賞受賞者や数学者のアンリ・ポアンカレ、日産のカルロス・ゴーンらを輩出したフランス屈指の工学系の名門大学である。あえて、日本で譬《たと》えるならば、吉田が若かりし時に学んだ東京工業大学が、その存在に近いだろうか。

実は、この研究チームが、翻訳準備のため2015年12月に来日した時に、取材班を訪ねてきたことがある。取材班が手がけた番組や書籍を日本人研究者から紹介され、意見を交わしたいと面会を求めてきたのだ。研究チームを率いる大学の原子力安全研究所所長のフランク・ガルニエリは、NHKの会議室の席に座るやいなや、50基以上の原発を抱え、国内のエネルギーの70％以上を原子力に頼るフランスで、福島第一原発事故がいかに注目を集めているかを、熱っぽく語り始めた。

「なぜ、事故調査報告書ではなく、吉田調書を翻訳するのか？」取材班が質問すると、ガルニエリは、事故対応の責任者だった原発所長がこれだけ長時間証言しているのは、歴史上初めてで、危機に対して、技術者が何を考え、どう行動したかのディテールに強い関心があると話した。事故の経緯や事実関係を分析した調査報告書よりも、現場の責任者の感情や心理が語られている生の証言にこそ教訓が詰まっていると、吉田調書の貴重さを繰り返し強調した。そして、こう語った。

「福島第一原発事故の教訓は、情報共有の失敗にあると思う。それは、フランスでも十分起こりうる」

「情報共有の失敗」ここにこだわるのは、2003年の熱波による被害実態をフランスが国をあげて調査した経験があるからだとガルニエリは語った。2003年夏、ヨーロッパは500年ぶりとも言われる記録的な猛暑に襲われた。フランスでは、高齢者を中心に1万4000人あまりが熱中症で死亡。ヨーロッパの中でも、とりわけ犠牲者が多く、政府や医療機関の状況把握の遅れが、犠牲者の増大につながったと国民から厳しい批判を浴びた。

フランス政府は、徹底した検証調査を行っている。ガルニエリによると、この調査では、あらゆる関係者のヒアリングが行われ、やりとりされたメールも検証の対象になり、原則として全てが国民に公開されたという。この中で、政府と各地の保健所、助言すべき専門家の情報共有がうまくいかず、被害を拡大させた実態が浮かび上がり、危機に対して、情報共有がいかに難しく、また大切かを広く知らせる結果につながった。

福島第一原発事故でも、政府や東京電力、それに旧原子力安全委員会や旧原子力安全・保安院などの専門家の情報共有がうまくいかなかった問題こそ、事故の拡大を防げなかった本質であり、原発事故にとどまらず、様々な危機対応に共通する普遍的な問題ではないか。吉田調書の翻訳の意義は、そのことをあぶり出す狙いもあると述べた。さらに、ガルニエリは、現場においては、事故対応の指揮をとる所長の吉田と、実際に運転操作にあたっていた中央制御室の運転員たちの情報共有がうまくいっていなかったことにも強い関心があると語った。ガルニエリが熱く語った「情報共有の失敗」という問題意識。それは、取材班がかねてから考え続けていたテーマでもあった。

政府事故調の聞き取り調査で、吉田所長はイソコンを巡る初動対応に「大反省」「猛烈に反省している」と証言している（©NHK）

吉田が悔やむ情報共有の失敗

吉田調書を読んでいくと、「大反省」とか「極めて今も反省です」と言って、吉田が感情を露《あら》わにして悔やんでいる問題があることに気がつく。それは、津波で全電源を失った時に、1号機で唯一動き続けるはずだった冷却装置を巡る対応についてである。この冷却装置の正式名称は、非常用復水器。英語では、アイソレーション・コンデンサー（Isolation Condenser）といい、現場では、「イソコン」と呼ばれていた。3月11日午後3時37分、津波によって電源が失われた時、吉田はイソコンは動いていると考え、事故対応を続けていく。ところが実際は、この時イソコンは止まっていたことが判明している。吉田は11日深夜まで8時間あまり、1号機は冷却されていると思い込み、事故対応の指揮をとっていく。吉田は、調書の中で「ＩＣ〔イソコン〕というのはものすごく特殊なシステムで、はっきり言って、私もよくわかりません」と吐露している。そして、イソコンを唯一わかっているのは、現場で原発の操作にあたる中央制御室の運転員たちだけだと説明している。

その運転員たちは、津波で電源が失われ、中央制御室の計器が一切見えなくなっため、イソコンが動いているかどうか確証が持てなくなっていた。電源喪失直後から、中央制御室の運転員たちは、なんとかイソコンの稼働状況を確認しようと、様々な試みを行う。ところが、その動きは、免震棟の吉田には全くと言っていいほど伝わっていない。調書の中で、吉田は「コミュニケーションが取れていなくて、現場の状況が本当に私も最初の半日ぐらい、想像できなかったです」と打ち明けている。

中央制御室と免震棟の情報共有には、大きな問題があったのである。イソコンが止まっているという情報を共有できず、事故対応を続けてきたことを、吉田は「猛烈に反省している」と語っている。結局、原子炉を十分に冷却できなかった１号機はメルトダウンに至り、その過程で発生した大量の水素が格納容器に充満して、翌12日午後３時36分に水素爆発を起こす。

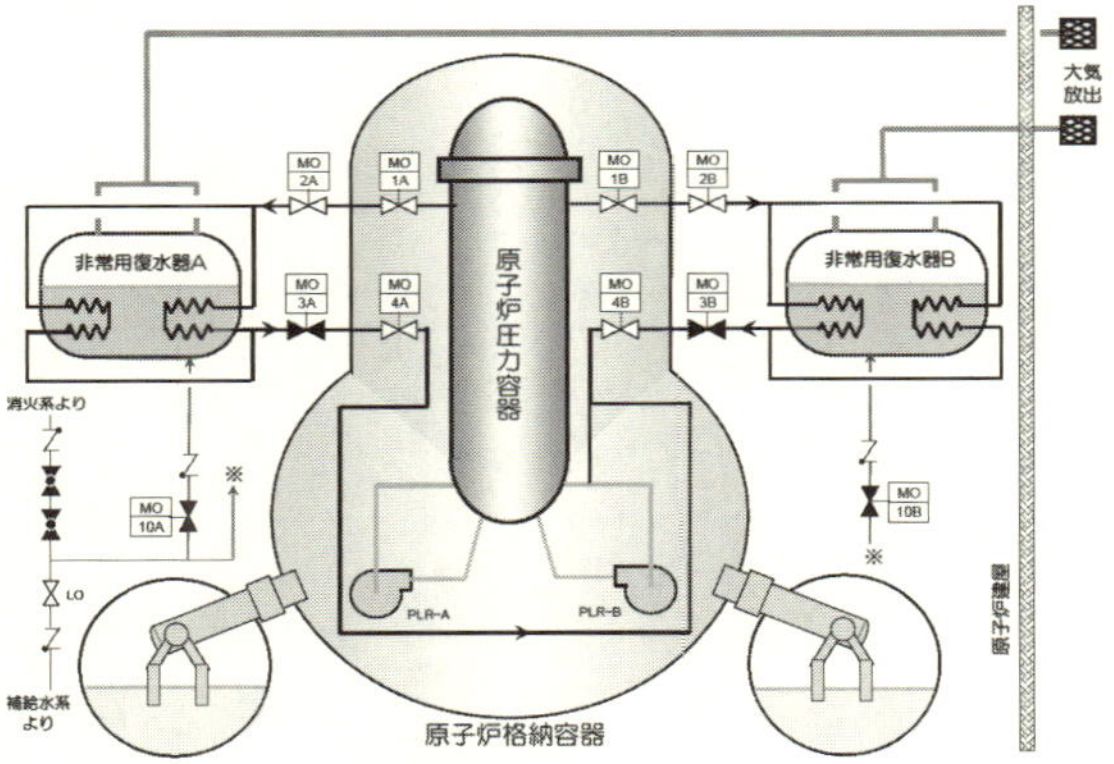

非常用復水器の系統構成

原子炉を冷却するイソコン（非常用復水器、運転員は「イソコン」と呼ぶ）の構造。MOは電動弁を表す（東京電力報告書より）

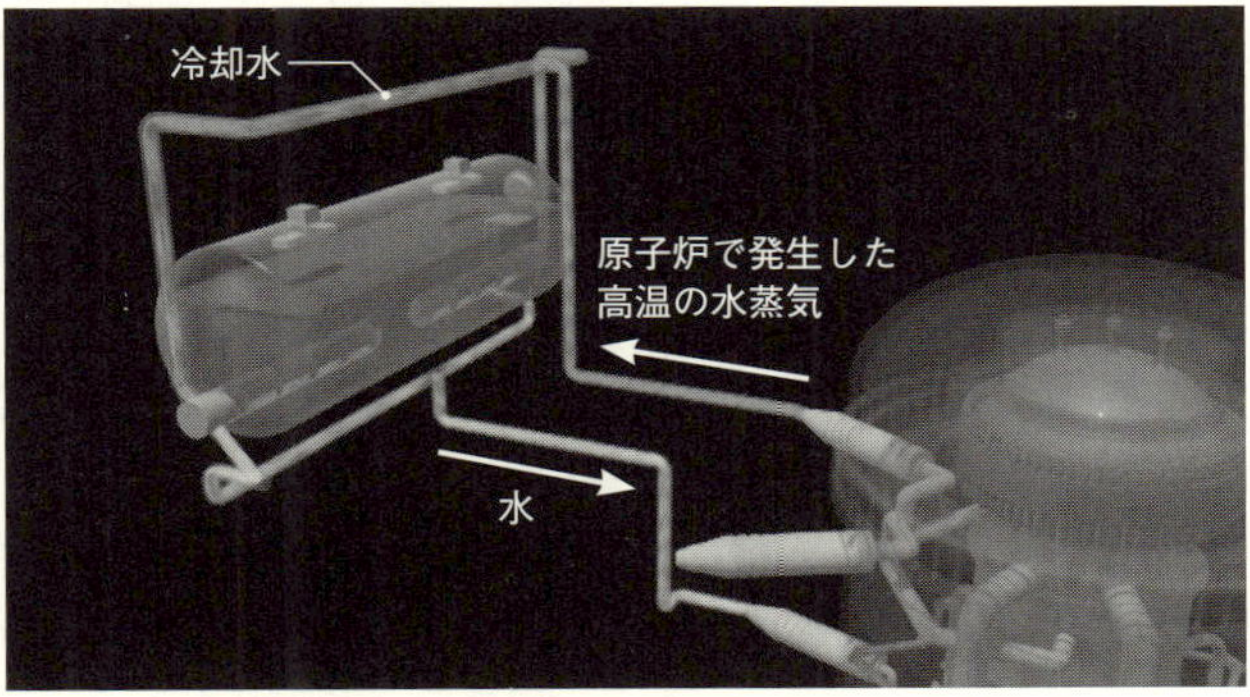

イソコン（非常用復水器）の仕組み
原子炉で発生した高温の水蒸気が流れる配管が、イソコンの胴部にある冷却水で冷やされることで水に戻り、原子炉の冷却に用いられる。イソコンは電源がなくとも原子炉を冷やすことができる（©NHK）

事故を巡る最大のターニングポイント

このイソコンを巡る初動対応こそ、福島第一原発事故の進展のなかで、最大のターニングポイントではなかったか。この問題意識にこだわって、取材班は6年にわたって検証取材を続けてきた。

イソコンは、1号機で唯一、地震と津波の被害を免れた冷却装置だった。原発には、膨大な熱エネルギーを発する原子炉を冷却する二重三重のバックアップがある。1号機についていえば、HPCIと呼ばれる高圧注水系や非常用海水ポンプ系など、主に5つの冷却系が用意され、どのような重大事故が起きても何らかの冷却系が機能し、冷温停止できると考えられてきた。

しかし、巨大地震と15メートルもの津波は、多重の冷却系をことごとく無力化した。地震によって、発電所につながる送電線はあっけなく途絶し、外部電源は喪失。最後の砦だった非常用ディーゼル発電機やバッテリーも津波に襲われ海水をかぶって機能を止めた。1号機は、5つの冷却系のうち4つが機能を失ったが、唯一、生き残ったのがイソコンだった。

イソコンは、原子炉で発生した高温の水蒸気で駆動し、いったん起動すれば、電気がなくても動き続け、冷却水タンクを通って冷やされた水が原子炉に注がれる。少なくとも8時間程度は稼働し、原子炉を冷やし続けることができると想定されていた。この間に、他の冷却系を復活させれば、原子炉を100度以下の冷温停止に持って行く道が開けるはずだった。しかし1号機は、地震発生時にイソコンが自動起動したものの、津波発生後、イソコンの本来の冷却機能を発揮させることができなかった。このことが、その後の事故対応を決定的に難しいものにしていく。

実は、1号機とともに運転中だった2号機と3号機は、津波に襲われた後、それぞれ異なる冷却系が動いていた。バッテリーが生き残っていた3号機は、最初はRCIC（原子炉隔離時冷却系）を起動させ、その後HPCIを動かして1日半、原子炉を冷却していた。2号機は、津波の直前に起動させたRCICで3日間、原子炉を冷やし続けていた。

一方、電源を失った1号機の現場では、懸命の電源復旧作業が続けられ、津波から24時間が経った3月12日午後3時半すぎ、非常用電源車との接続が完了し、電源盤にランプが点灯しようとしていた。1号機の電源復旧が実現すれば、2号機、3号機も電源が復活し、喪失した冷却系も機能する。

しかし、冷却系を動かすための電源がまさに復旧しようとした瞬間に、1号機は水素爆発を起こし、電源復旧は水泡に帰した。この瞬間から複数の原子炉の同時メルトダウンという悪夢の連鎖が始まったのである。

イソコンが本来持つ冷却機能をいかしていれば、1号機のメルトダウンや水素爆発を何

東日本大震災発生直後の1、2号機の中央制御室。運転員たちは複数号機の事故対応を迫られることになる（実録ドラマ）（ⒸNHK）

とか防ぐことができ、福島第一原発事故の進展は変わっていた可能性がある。

幸運にも地震や津波の被害を免れたイソコンを、なぜ使いこなすことができなかったのか。その背景には、事故対応の指揮をとる免震棟と事故対応の最前線で実際の操作にあたる中央制御室との情報共有の機能不全があった。

1号機のイソコン操作に関連する免震棟と中央制御室の情報共有にはどのような問題があったのか。時系列に沿って振り返る。

午後2時46分　地震発生

2011年3月11日午後2時46分、福島第一原発は、すさまじい揺れに突き上げられた。原発の運転操作を担う中央制御室も激しい上下動に襲われた。1、2号機の中央制御室では、52

3月11日午後3時37分。高さ15メートルの津波が福島第一原発を直撃した。CG監修：東北大学今村文彦教授（©NHK）

歳の当直長をトップに14人が運転操作にあたっていた。激しい揺れを感知して、原子炉に核分裂反応を止めるための制御棒が挿入され、原発が緊急停止した。

「スクラム（緊急停止）確認！」中央制御室に大声が響いた。

この後1号機は、原子炉からタービンに蒸気を送る配管の弁（主蒸気隔離弁）が自動的に閉じ、70気圧あった原子炉圧力が徐々に上昇。地震から6分経った午後2時52分、原子炉圧力が71・3気圧に達したところで、イソコンが自動起動した（注：本書では、1メガパスカルを10気圧と換算）。

イソコンは地震の影響もなく、順調に機能し、緊急停止直後に300度近かった原子炉は急激に温度が低下していく。実は、40年前に福島第一原発が稼働して以来、トラブルによってイソコンが起動したのは初めてだった。中央制御室では、当直長以下運転員の誰一人として、イソコンを実際に操作した経験はなかった。マニュアルには、イソコンであまりに急冷すると原子炉の強度に影響が出るとして、1時間に55度以内のペースで冷却するよう定められていた。運転員は、マニュアルに沿ってイソコンのレバーを操作して、起動と停止を繰り返して原子炉を冷却していた。スクラムから40分後、原子炉の温度は180度まで下がっていた。ここまでは想定通りだった。当直長は、冷温停止まで持って行けると感じていた。

午後3時37分　津波直撃

ところが、午後3時37分、事態が急変する。中央制御室に異変が起きたのだ。計器盤のランプや天井の照明がパタパタと消え始め、やがて真っ暗闇に包まれた。15メートルの津波に襲われ、全ての電源が失われた瞬間だった。

「SBO！　全交流電源喪失！」

中央制御室に再び大声が響いた。室内は、計器盤が見えなくなり、原発の運転状態がまったくわからなくなってしまった。

中央制御室は、放射性物質の侵入を防ぐため、密閉構造で当然窓はない。外の様子はま

1、2号機周辺を立体化したCG。1号機と2号機の事故対応にあたる中央制御室は、原子炉から50メートルの距離に位置している。1、2号機の中央制御室と免震棟の距離は350メートル（©NHK）

ったく見ることができない。原子炉の状態は操作盤に示されるさまざまな数字で把握できるようになっているが、外の情報は、免震棟とつながる有線電話で知らせを受けるのが唯一の手段だ。どの運転員も、暗闇が襲った理由をすぐに思い描けなかった。

この直後だった。運転員が、腰から下がずぶ濡れになった姿で「ヤバイ、海水が流れ込んでいる！」と大声で叫びながら中央制御室に戻ってきた。揺れがおさまった後、機器の点検のために原発の建屋を巡回していた運転員だった。タービン建屋の地下1階が腰のあたりまで水につかっていると運転員は報告した。この瞬間、誰もが、津波の襲来で、地下1階にある非常用ディーゼル発電機が停止したと確信した。

非常用電源が失われたら、冷却装置も動かない。ただ、イソコンだけは、一度動き始めたら、電源がなくても蒸気の力で原子炉に水を注ぎ続けるはずだった。ところが、イソコンが起動しているかどうかを示すランプも消えていた。イソコンは動いているのか。当直長は、判断がつかない状態に陥ってしまった。

中央制御室から北西に350メートル離れた免震棟にも電源喪失の衝撃が広がっていた。一方で、吉田以下、免震棟の幹部は、1号機の冷却は続いていると考えていた。津波の前にイソコンが自動起動したと報告を受けていたからである。イソコンは、いったん起動すれば、電源がなくても、蒸気の力で働き続けると考えていたからである。

ところが、後の政府や東京電力の調査で、イソコンは津波に襲われ、電源が失われた段階で止まる仕組みになっていたことが判明する。実は、イソコンの弁は、電源が失われるなど何らかの異常があった時、原発内部から放射性物質が漏れ出ないように配管の弁を自動的に止めるフェールクローズと呼ばれる安全設計になっていたのだ。しかしこの時点で、免震棟では、フェールクローズの仕組みに気付いていた者は誰一人としておらず、本店からも指摘や助言は一切なかった。イソコンによる冷却が停止したことで、原子炉の温度は崩壊熱で上昇に転じ、刻一刻と上がっていった。

午後4時41分　水位計回復

電源喪失から1時間が経った午後4時41分。イソコン停止に気付く最初の大きなチャンスが訪れる。1号機の原子炉水位計が見えるようになったのである。津波をかぶったバッテリーの一部が一時的に復活したためだった。

津波の前、原子炉の水位は、燃料の先端から上に4メートル40センチの位置にあった。しかし、水位計が示した原子炉水位は、燃料の先端から2メートル50センチまで下がっていた。1時間に1メートル90センチも低くなっていたのである。

運転員は、水位計の脇の盤面に、マジックで時間と水位を書いていった。そして、有線電話を通じて免震棟の発電班に報告した。水位は、刻々と下がっていた。

午後4時56分、水位は燃料の先端から1メートル90センチまで下がった。およそ15分間に、水位は60センチ下がっていたことになる。イソコンが動いていない可能性を示す重要な情報だった。そして、午後5時7分、水位計は再び見えなくなる。

免震棟では、発電班の副班長が刻々と下がる原子炉水位の報告を受けていた。この情報は、すぐに同じ免震棟にいる技術班に伝えられ、このまま原子炉水位が低下するといつ燃料の先端に到達するか計算された。その予測は、このまま水位が低下すると、1時間後の午後6時15分には燃料の先端に到達するというものだった。燃料が水面からむき出しになると、水による冷却ができなくなり、一気にメルトダウンへの道を突き進んでいってしまう。

午後5時15分、免震棟と本店を結ぶテレビ会議で、マイクをとった技術班の担当者の声が響いた。

「1号機水位低下、現在のまま低下していくとTAF〔燃料先端〕まで1時間！」

1号機の原子炉水位が燃料の先端まで到達するのに、あと1時間の猶予しかない。イソコンが動いているかどうかを見極めなければならない重要な警告だった。

しかし、この警告は、吉田の耳には届いていなかった。洪水のように押し寄せる様々な報告の中に埋もれてしまったのだ。入り乱れる情報の中で、イソコン停止の可能性を強く示唆する報告はいかされることなく、吉田以下免震棟の幹部の頭の中からいつの間にか消え去ってしまった。こうして最初のチャンスは、失われてしまったのである。

午後4時44分　ブタの鼻の蒸気確認

水位計復活という大きな局面の直前、当直長は、イソコンの稼働状況を知るために、ある指示を免震棟に伝えていた。「ブタの鼻から蒸気が出ているか見てほしい」という指示だった。

「ブタの鼻」とは、1号機の原子炉建屋の西側の壁、高さ20メートルのところにある二つ

1号機原子炉建屋の西側の壁、高さ20メートルのところにあるイソコンの排気口。通称「ブタの鼻」と呼ばれる。福島第一原発のイソコンはおよそ40年間稼働したことがなく、事故当時の福島第一原発には排気口から出る蒸気を見たことがある運転員は一人もいなかった
(写真：東京電力)

の排気口のことだった。イソコンが動いていると、原子炉からの高温の蒸気によって温められたタンクの水が、2つの穴から勢いよく蒸気となって外に出る。当直長は、イソコンを実際に動かした経験はなかったが、ブタの鼻の話を、先輩から伝え聞いていたのである。

午後4時44分。ブタの鼻を見に行った発電班の社員から免震棟に報告が届いた。それは「蒸気がモヤモヤと出ている」というものだった。この報告を受けて、免震棟の発電班は、ブタの鼻から蒸気が出ているので、イソコンは動いていると判断した。しかし、モヤモヤというのは、イソコンが止まった後に出ている蒸気の状態だった。この時、イソコンは止まっていたのだ。ブタの鼻からの蒸気は、外からイソコンの稼働状況を確認できる唯一ともいえる判断材料だった。しかし、その判断は誤っていたのである。

午後5時19分　イソコン動作確認のため運転員を派遣

午後5時すぎに、水位計は再び見えなくなった。しかし、原子炉水位が刻々と低下していったことを憂慮した当直長は、イソコンの稼働状況に疑いをもつようになっていた。午後5時19分、当直長は、イソコンが動いているかどうかを確認するため、2人の運転員をイソコンがある原子炉建屋4階に向かわせた。

「イソコンの現場確認を実施しろ。機器の損傷がないか、現場で目視確認。現場暗いので十分注意！」

「了解」

当直長の指示に2人の運転員が調査に向かう。イソコンが動いているかどうかを確かめ、冷却水タンクの脇についている水位計を調べ、冷却水が十分に確保されているかを確認するのがミッションだった。2人の運転員は、暗闇の廊下を、懐中電灯を頼りに原子炉建屋へと歩いていった。

原子炉建屋の入り口は二重扉になっている。原発に異常があったとき、放射性物質が建屋から漏れ出すのを防ぐためだ。その二重扉を開けようとしたところだった。持っていた放射線測定器の針が振り切れた。二重扉は放射線をかなり防ぐ。扉の外でこうした線量が

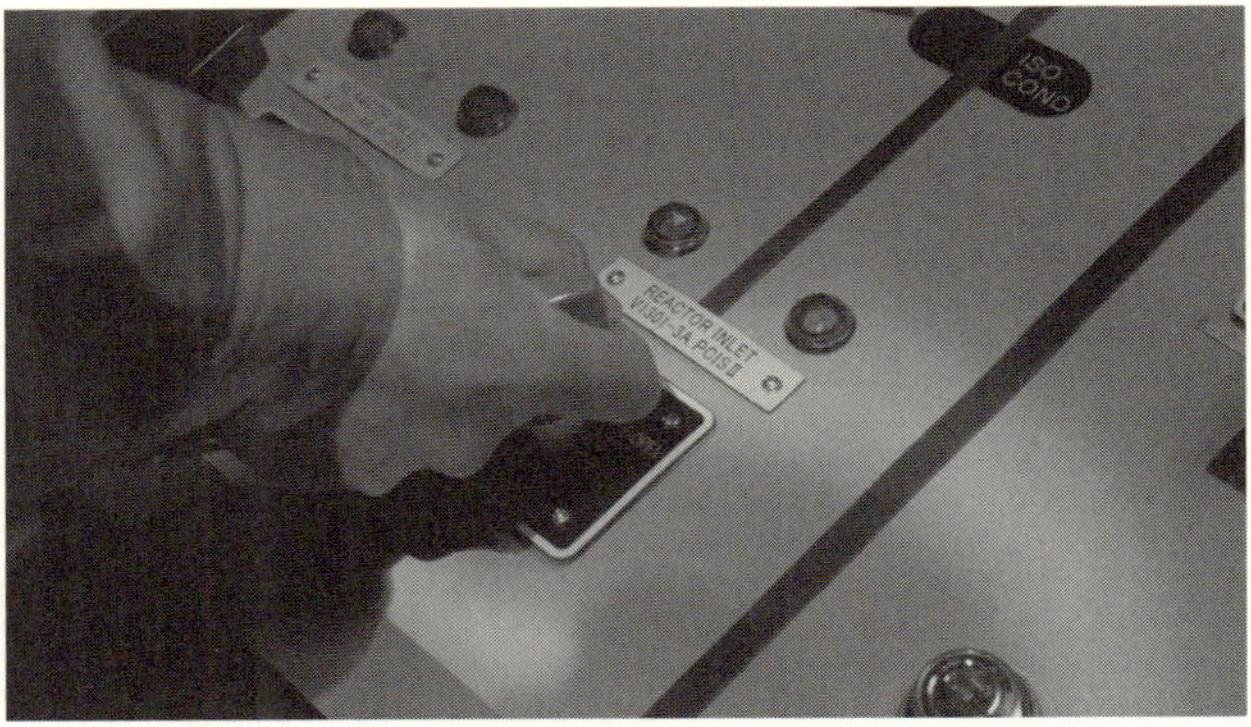

イソコンが停止していることを知った当直長は、午後6時18分、再稼働を指示する（実録ドラマより）（©NHK）

測定されることはないはずだった。この時、2人は通常の作業服で、防護服や防護マスクを装備していなかった。午後5時50分。2人は、中央制御室に引き返した。イソコンの稼働状況の確認は、諦めるしかなかった。

午後6時　イソコン停止を確認

電源喪失から2時間半ほどたった午後6時すぎ。イソコンを巡る新たな局面が訪れる。

中央制御室の制御盤の前に運転員たちが次々と集まった。イソコンの稼働状態を示すランプがうっすらと灯ったのである。津波をかぶったバッテリーの一部が何らかの原因で復旧したとみられる。ランプは緑。緑は停止を示す色だった。

イソコンは止まっていたのだ。すかさず当直長は、午後6時18分、イソコンを動かすよう指示した。

ランプが赤に変わった。イソコンは、電源喪失からほぼ2時間半ぶりに再び動き始めた。

当直長は、免震棟への有線電話で、イソコンの弁を開いたことを報告した。さらに、別の運転員に、外に出て1号機の原子炉建屋の「ブタの鼻」から蒸気が噴出するか確認するよう命じた。中央制御室の非常扉から外に出ると、排気口は直接見えないが、蒸気が勢いよく出れば、1号機の原子炉建屋越しに見える位置にあった。

建屋の外に確認に行った運転員が急いで帰ってくる。その報告は、蒸気は最初、音を立てて出ていたが、しばらくして見えなくなったというものだった。

運転員たちは、イソコンのタンクの冷却水が減り、蒸気の発生が少なくなったと考えた。タンクの中の冷却水がなくなると、空焚《からだ》きとなるため、イソコンの配管が破損し、放射性物質が外にもれるリスクもあるのではないか。中央制御室は重大な決断に迫られる。

「イソコン運転続けますか?」

「いったん3A弁閉にしよう」

午後6時25分。当直長は、イソコンの弁を閉じるよう指示をした。制御盤のランプは赤から緑に変わった。イソコンは、わずか7分後、再び停止した。1号機で唯一動かすことができた冷却装置イソコンは、再び動きを止めたのである。

イソコンは稼働から7分後の午後6時25分、空焚きを危惧して停止されることになった（実録ドラマより）（©NHK）

しかし、この重要な情報は、免震棟の吉田には届いていない。そのため、吉田は、この後も一貫してイソコンは動いていると思い込んで、事故対応の指揮をとっていく。

イソコンの起動と停止を繰り返した重要局面で、免震棟と中央制御室は、最も大切にすべき情報を共有できなかったのである。

午後9時30分　イソコン再起動

イソコンを止めた後、中央制御室の運転員たちが、イソコンの手順書などを確認したところ、イソコンのタンクには、10時間程度冷却を続けるだけの水があるという判断に至る。午後9時30分、イソコンは再び起動。この時点で、中央制御室は、恐れていたイソコンの空焚きはないと初めて判断できたのである。イソコンを停止してからすでに3時間が経っていた。後のシミュレーションでは、イソコンを停止していた3時間の間にメルトダウンが急速に進行。もはや、イソコンでは冷却できない状況に陥っていたと考えられている。

午後9時50分すぎ　謎の放射線上昇

午後9時50分すぎ、原子炉水位の確認のため、中央制御室から防護服と防護マスクを装備した運転員が原子炉建屋に入ろうと、二重扉の前に来た時だった。線量計が10秒で0・8ミリシーベルトまで上昇。運転員は入室を諦めた。報告を受けて、吉田は、すぐに原子炉建屋への入室を禁止する。

この時、吉田は、調書の中で「何でこんなに線量が上がるのと、（中略）非常に高いというデータを聞いて、おかしい」と語っている。しかし、同じ頃、中央制御室から、1号機の原子炉水位計が復活したという報告が入る。計測したところ原子炉水位は「TAF＋200ミリ」だったというのだ。水位は、燃料の先端から20センチ上のところにあることを示していた。

その後も水位計が示す値は、上昇していく。午後9時30分に、燃料の先端から45センチ上。午後10時には、55センチ上にあると報告された。1号機の水位計は、30分で10センチ水位が回復していることを示していた。吉田は、この情報を聞いて、安堵する。燃料が水に浸かっていれば、原子炉は冷却されているからだ。すなわちイソコンは動いていることを意味した。

ところが、後の調査でこの時点で、水位計は、正常な数値を示すことができない状態に陥っていたことが判明する。原子炉の過熱によって、水位を計る基準面の水が蒸発してしまったことで、誤った数値を示していたのである。後のシミュレーションでは、午後9時前には、水位は燃料の底部に達しており、午後9時台には、核燃料はすでにむき出しの状態になっていたと推定されている。

午後11時50分　格納容器圧力異常上昇

午後11時50分。バッテリーによる計器の復旧が進み、1号機の格納容器の圧力が初めて報告された。「ドライウェル圧力確認。600キロパスカル！」600キロパスカル。およそ6気圧。通常の6倍にもあたる異常な値だった。この時点で、吉田は、初めてイソコンが動いていないことを確信した。

電源喪失からすでに8時間あまり。シミュレーションによると、この時、1号機の原子炉は、大半の燃料がメルトダウンし、一部が原子炉の底を突き破って格納容器へと達しよ

SAMPSONを用いた解析では、3月11日深夜には、1号機の原子炉の核燃料の大半は溶け落ち、原子炉の底を突き破るメルトスルーを起こしていたと推定されている（©NHK）

うとするところだった。

錯綜する情報　埋もれた警告

地震発生から、吉田がイソコンが動いていないと確信するまで9時間あまり。

一連の対応をみると、津波直撃までは、マニュアル通りの対応がとられていたことがわかる。震度7の巨大地震に襲われ、外部から電力を供給する送電線が途絶したことで、交流電源が失われるが、非常用ディーゼル発電機が起動。電源は確保される。地震によって、吉田ら社員がつめていた事務棟も大きく壊れるが、8ヵ月前に完成した免震棟に移動し、すぐに緊急対応にあたっている。1号機は、緊急停止した後、イソコンが自動起動し、原子炉の冷却が始まる。運転員は、マニュアル通りにイソコンを操作し、冷温停止に向けて着実に歩み始めていた。事態は、ほぼ想定通りに進んでいたのである。

ところが、津波の直撃で全ての電源を失ってから状況が一変する。

中央制御室は暗闇に包まれ、制御盤や計器盤は一切見えなくなる。運転員たちは、LEDの懐中電灯や携帯用バッテリー付きの照明器具をかき集めて、過酷事故への対応が書かれているマニュアルのページを繰ったが、どこをめくっても全ての電源を失った緊急事態への対応は記されていなかった。

東京電力が最悪の事態を想定して準備していた緊急対応のマニュアルは、中央制御室の計器盤を見ることができ、制御盤で操作が可能なことを前提に記されていた。事態は、マニュアルをこえた未知の領域に突入していたのである。ここから本当の危機が始まったのである。中央制御室は、原子炉や冷却装置がどのように動いているのか、判断する情報がない状況に追い込まれた。外部との唯一の連絡手段は免震棟とつながる有線電話だった。しかし、免震棟と情報共有するただ一つの手段である有線電話も脆弱《ぜいじゃく》だった。津波発生後、免震棟には、1号機から6号機までの運転員や東京本店、協力会社などからの問い合わせが殺到していた。中央制御室との連絡役を務めていた発電班の副班長は、当時の状況を、取材班に次のように証言している。

「重要な情報が集まってくる。それを現場の指揮者の所長にしっかり把握してもらわなければならないということで、マイクの空きを各班が待つような状態だった。あれだけ大きなことが一度に起きると、みんなで共有することが非常に厳しかった」

福島第一原発全体が大きな混乱に陥っていた。中央制御室が免震棟に支援を求めようにも、そのような余裕はなく、現場対応を余儀なくされる。一方、中央制御室から有線電話を通してイソコンが停止していることを示すデータや報告が何度も上がっているにもかかわらず、見過ごされていく。その最たるものは、午後5時15分の免震棟での技術班の報告だった。

「1号機水位低下、現在のまま低下していくとTAF〔燃料先端〕まで1時間！」

1号機の原子炉水位が燃料の先端まで到達するのに、あと1時間の猶予しかない。事態が切迫していることを告げる極めて重要な予測だった。イソコンでの冷却が機能していれば、このような急激な水位低下は起きるはずがない。この貴重な予測の出発点は、中央制御室で一時的に見えた原子炉水位が刻々と低下しているというデータだった。それを見逃さなかった運転員がすかさず有線電話で免震棟に伝え、技術班が解析したものだった。技術班の予測は、免震棟の幹部が集まる円卓で報告され、テレビ会議を通して本店にも伝えられた。イソコンが動いていないことを示す重要な警告だった。

しかし、この衝撃的な予測に対して、免震棟も東京本店も、緊急度の高さを読み取ることができず、イソコンが止まっていると気がつくことができなかった。非常用電源車の手配、構内で発生した火災の消火、社員の安否確認など膨大な報告や業務が次から次へと押し寄せ、本来、最も優先すべき原子炉冷却へとつなげることができなかった。錯綜する情報の中で、最も重要な警告が埋もれてしまったのである。

吉田調書では、政府事故調の聞き取りを担当した検察官がこの時の経緯を取り上げ、「TAFまで1時間」という報告をどう受け止めたのか吉田に尋ねている。

これに対して、吉田の第一声は、なんと「聞いていない」だった。そして、報告があったこと自体に疑問を示し、こう語っている。「今の水位の話も、誰がそんな計算したのか知らないけれども、多分、本部の中で発話していないと思いますよ」

検察官が、情報班のメモを示しながら説明した段階で、ようやく吉田は「発話しているんでしょうね」と自らの認識を改めたうえで、当時の対応を振り返って、次のように語っている。「今、おっしゃった情報班の話は、私のそのときの記憶から欠落している。何で欠落しているのか、本店といろいろやっていた際に発話されているのか。逆に言うと、こんなことは班長がもっと強く言うべきですね」

当時免震棟にいた幹部の一人は、取材班と議論した際「TAFまで1時間」という報告を自分も覚えていないと打ち明けたうえで、「事故初動の免震棟では、報告の優先順位をつけていなかった。事故初動は、次から次へと情報が押し寄せる魔の時間帯だった。重要な情報をどう識別して共有化するかは、大きな課題だ」と語った。

危機対応において、情報は、優先順位をつけていかなければ、有効な対策に結びついていかない。ただ、どの情報を最優先すべきなのかを瞬時に判断し、識別するのは容易ではない。吉田調書からは、危機対応において、優先すべき情報を埋没させずに伝える大切さと難しさが浮かび上がってくる。

新たに判明した〝情報共有の失敗〟

一連の対応を検証していくと、何よりも強く印象に残るのは、イソコンを巡る情報が、中央制御室と免震棟の間で、まるですり抜けるかのように、共有できない姿である。なぜ、情報共有はここまでうまくいかなかったのか。政府や国会の事故調査委員会も事実関係を検証し、この問題を指摘しているが、事故から4年半が経った2015年8月、意外な組織が東京電力に再調査を迫った。「新潟県原子力発電所の安全管理に関する技術委員会」である。

福島第一原発と同じタイプの沸騰水型の柏崎刈羽《かしわざきかりわ》原発を抱える新潟県は、福島第一原発事故の徹底した検証なくしては、再稼働の判断はできないという立場から、大学教授やメーカーの技術者など15人の専門家からなる技術委員会で独自の検証調査を続けていた。技術委員会は、吉田調書をはじめ、政府や東京電力の調査報告書を読み込んで時系列に整理したうえで、それぞれの場面で、誰がどのような対応をとったのか、関係者から改めて聞き取り調査をするよう東京電力に求めたのだ。その対象は、中央制御室でイソコンを操作していた複数の運転員と当直長、それに当直長と有線電話で連絡を取っていた免震棟の発電班の副班長。さらに中央卓にいる吉田に情報を伝える発電班長だった。

3ヵ月後。東京電力の回答から思わぬ真相が浮かび上がった。実は、津波に襲われた時点で、イソコンを操作していた運転員は、イソコンは動いていないと認識していたのだ。電源喪失の直前にイソコンを停止する操作をしていたからだった。さらに計器を確認していた別の運転員もイソコンは動いていないと認識していた。ところが、当直長は、その報告を受けておらず、イソコンの動作状況は不明だと思っていたというのだ。

当時、1、2号機の中央制御室では、総勢14人で操作にあたっていた。小学校の教室2つほどの広さの部屋のほぼ中央に当直長が座り、斜め右側前方の壁面に並ぶ計器盤と操作盤の前で、1号機担当の運転員がイソコンを操作していた。運転員と当直長の間には、当直主任が配置され、電源喪失直後、当直長は、当直主任にイソコンの動作状況を確認したが、当直主任は「わからない」と回答。当直長も当直主任も、直接、操作担当の運転員にイソコンの動作状況を確認していなかったという。

実は、電源を失った最初の段階で、中央制御室の運転員たちの間で、イソコンの動作状況という極めて重要な情報が共有されていなかったのである。事故から4年半を経て初めて明らかにされた事実だった。

この後、イソコンの動作が確認できなくなった当直長は、1号機の原子炉建屋のイソコンの排気口、「ブタの鼻」から蒸気が出ているか確認してほしいと免震棟の発電班に依頼している。新潟県の技術委員会は、この時点で、当直長から依頼を受けた発電班は、「イソコンの動作が確認できていないことを吉田に報告したのか」と質問している。

この質問には、この時、当直長がイソコンの稼働状況が不明だととらえていることを吉田に伝えておくべきではなかったかという意味も含まれている。

東京電力の回答は、「発電班長は、イソコンは動いていると考えていたため吉田に報告していない」だった。この時、吉田はイソコンの動作状況を疑う大きなチャンスを失ったのだ。

さらに、免震棟と中央制御室が、イソコン停止の情報を共有すべき最大の局面だった、中央制御室がいったん起動したイソコンを再び止めた午後6時25分の情報伝達はどうだったのか。

調査の結果、当直長は、停止を発電班に連絡したかどうか記憶があいまい。一方、発電班は、手動で停止したことは知らなかったと回答。東京電力は「当直からイソコン停止連絡がなされなかった可能性がある」と結論づけた。

調査から浮かび上がったのは、イソコンの動作状況について、まず、運転員たちの間で、津波に襲われた時点で、イソコンが止まっていたという重要な情報が共有できていなかったという真相である。そして、イソコンの稼働状況が不明なことや停止したことを、免震棟に正確に報告する意識が希薄だったという実態である。一方、事故対応の指揮をとる免震棟は、情報を待つだけの姿勢だった。東京電力は、「当直と発電班の連絡が的確に実施されなかった可能性が高い」と結論づけ、中央制御室と免震棟の“情報共有の失敗”を認めている。

政府事故調の調書の中で、吉田は、「ＩＣ〔イソコン〕は大丈夫なのかということを何回も私が確認すべきだった」と、現場の情報を自ら積極的に取りに行くべきだったと繰り返し反省の弁を述べている。聞き取りの中で、吉田は、調査にあたった検察官から、イソコンを停止した午後6時25分から再起動させる午後9時30分までの3時間あまり、中央制御室は、原子炉冷却に手が打てない状況だったから、免震棟に連絡や相談があってもよさそうだと疑問を投げかけられている。吉田は、「現場からSOSが来ていない」と嘆き、「SOSが来ていれば、人を手配するなり何らかの手を打った」と悔しがっている。

一連の動きを振り返ると、中央制御室は、困難を自分たちだけで抱え込むのではなく、免震棟にもっと支援を求めていくべきだったし、免震棟は、中央制御室を孤立させないために積極的に情報を取りに行くべきだったのではないだろうか。

確かに、現場の運転員にとってみると、大きな余震や津波に繰り返し襲われ、行動が制限されているうえに、計器を一切見ることができない暗闇の中で、免震棟との連絡手段は電話1本だけという極めて厳しい環境だった。吉田ら幹部にとってみると、1号機だけでなく、2号機や3号機など他の号機への対応も迫られていた。リーダーと現場が情報共有するのが、非常に難しい環境だった。

しかし、1号機でただ一つ残った冷却装置・イソコンの稼働状況の確認は、事故対応をするうえでの大前提だった。その稼働状況を8時間にわたって誤認していたゆえに、吉田は、「大反省」という言葉を使って、悔やんでも悔やみきれない思いを調書の中で包み隠さず語っていたのである。イソコンの稼働状況の検証からは、不確実で不安定な危機の時こそ、組織は、リーダーと現場が互いに積極的に歩み寄り、情報共有していかなければ、困難を乗り越えられないという教訓が浮かび上がってくる。

第２章

東京電力は、冷却装置イソコンをなぜ40年間動かさなかったのか？

伝承されなかったノウハウと放射能漏洩リスクへの過剰な恐怖

メールが語る運命の変更

そのメールが取材班に届いたのは、事故から5年あまりが経った2016年6月のことだった。

初夏を感じさせるような挨拶文は一切なく、専門用語がちりばめられた1100字を超える難解な文章だったが、読み始めるとすぐに、その内容に引き込まれていった。メールは、事故をよく知る関係者からだった。

技術者らしい素っ気ないとも言える簡素な文章に続いて、唐突に、機微に触れる情報が記されていた。事故対応の鍵だった1号機の冷却装置・イソコンの設定が、事故の8ヵ月前に変えられ、動きやすくなっていたと書いてあったのだ。事故発生から検証取材を続けてきた取材班も全く知らない事実だった。「だから、40年間動いていなかったイソコンが、あの日初めて動いたのか……」運命の変更に、思わず声が漏れた。

東京電力の公式見解では、イソコンは1号機が40年前に運転を開始して以来、事故まで一度も動いたことがなかったとされている。

取材班に送られてきたメールには、事故の直前に設定を変えたからこそ、それまで動いたことがなかったイソコンが初めて起動したと記されていた。

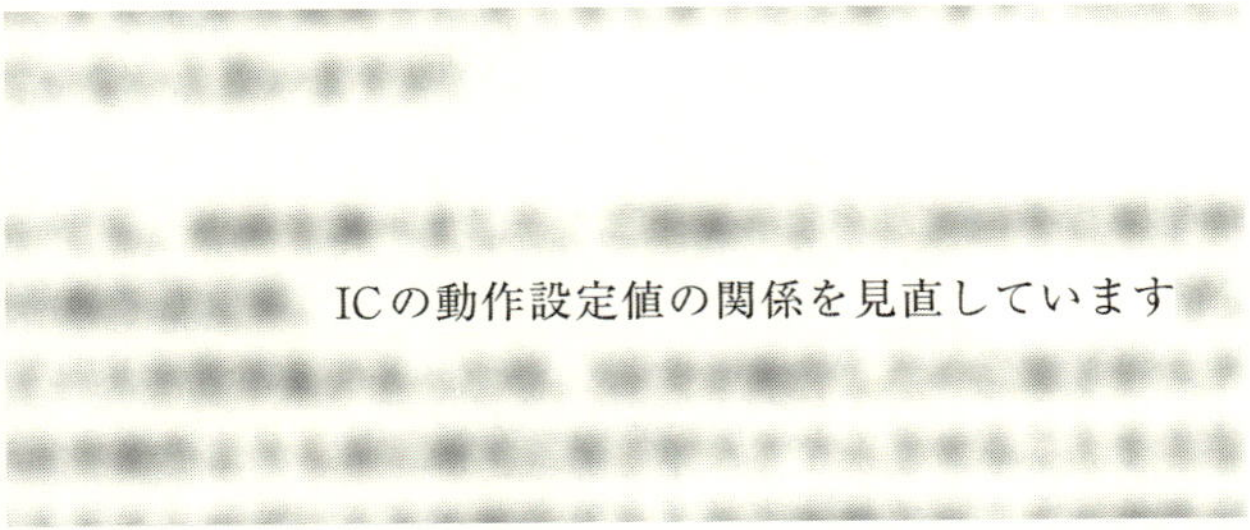
ICの動作設定値の関係を見直しています

取材班に寄せられた関係者からのメール。事故の8ヵ月前に重要な設定変更があったという（©NHK）

40年間一度も動かしたことがなかったにもかかわらず、3月11日午後2時46分の地震発生直後、イソコンは正常に起動し、想定通りに原子炉を冷却し始めた。

地震から51分後の午後3時37分、巨大津波によって電源が失われ、1号機では5つある冷却系のうち4つが次々に機能停止したが、電源がなくても蒸気の循環で働き続けるイソコンは、ただ一つの冷却装置として、原子炉を冷やし続けるはずだった。しかし、中央制御室と免震棟は、イソコンの稼働状況を何度も誤認し、情報共有もうまくいかず、イソコンの冷却機能をいかすことが出来なかった。結局、原子炉はメルトダウンしてしまう。

政府事故調は、事故当時、福島第一原発では、イソコンを実際に動かした経験のある者は一人としていなかったと指摘したうえで、運転員から免震棟、本店に至るまで、イソコンの機能を十分理解しておらず、運転操作にも習熟していたとはいえない状況にあったと厳しく批判している。なぜ、重要な冷却装置が40年にわたって事実上〝封印〟され、現場も幹部もその機能を十分に理解せず、運転操作にも習熟していない状態に陥っていたのか。その謎を解く鍵が、寄せられたメールに隠されていたのである。イソコンの持つ本来の機能を発揮させることができなかった背景には、40年にわたる長い歴史的な伏線があったのである。

取材班に送られてきたメールでは、イソコンの設定は、事故の8ヵ月前に動きやすくなる以前は、長期にわたって、動きにくい設定になっていたことを示唆していた。だとすると、いつからイソコンは、動きにくい設定になっていたのか。また、それはなぜなのか。この謎を探るため、取材班は、40年あまり前に遡って、福島第一原発の黎明期を知る関係者を探し出すことにした。

証言者発見をめぐる時間との争い

東京電力の公式見解では、イソコンは1971年3月に1号機が運転を開始してから、一度も稼働していない。稼働したことが確認できるのは、1970年夏から翌年春にかけて行われた1号機の試運転の時だけだ。この8ヵ月間で少なくとも3回の稼働試験が行われたことが、当時、日本原子力学会に提出された報告書に記されている。取材班は、この時期に福島第一原発に勤務していた東京電力のOBを探し出し、イソコンの謎を解く証言を集めようとした。

東京・千代田区に、国内で発行された全ての出版物を収集、保存している国内最大の図書館「国立国会図書館」がある。取材班は、ここに足を運び、福島第一原発に関する資料を集めた。有力な情報源となったのが、業界団体の日本原子力産業会議が出版していた『原子力人名録』だった。国内の原子力関係の産業界、学界、官界の課長補佐以上のすべての役職者を収録した名簿だ。これを手がかりに、福島第一原発の黎明期に、東京電力の原子力部門や、福島第一原発に所属していた社員を、ある程度まで絞り込むことができた。その数およそ250人。記載されているのは名前と役職、生年、最終学歴と出身地だけ。1970年に仮に30歳だったとすれば、健在なら年齢は70代半ば。高齢となっているものの、存命の可能性は高い。

電話帳やインターネットを使って、連絡先を調べていく。手がかりを得られなかった人物も多かったが、幾人かは、その後の社内での歩みも分かってきた。ある人物は技術者として原子力畑を歩み、社内の要職を勤め上げていた。

しかし、取材は思うようには進まなかった。事故のあと、取材班は数多くの東京電力OBへ取材を尽くしてきたが、これまで数え切れないほど取材拒否にもあってきた。今回も一様に口は固かった。「わからない」「忘れてしまった」と断る人もいれば、自分が取材を受けることで現役の社員に迷惑がかかることを懸念して辞退する人も多かった。

そして何よりも、どうすることもできない壁があることに気づかされた。それは、過ぎ去った40年という長い歳月がもたらした、「老い」と「死」という摂理だった。

名簿に名前のある人たちはみな、東京電力を退職して久しく、年齢を重ねていた。ある人は、数年前から持病が悪化し、とても取材を受けられるような体調ではないという。また、別の人は認知症を患い、ふだんから介護施設を利用していて、家族は、電話の応対もできない状態だと話した。

取材の交渉中に亡くなる人もいた。このOBは、コンタクトをとった当初こそ取材を受けることに消極的な姿勢を示していたが、交渉次第で面会がかないそうな手応えがあった。しかし、まもなく自宅の電話がつながらなくなり、交渉を諦めかけていた矢先、病気で亡くなっていたことを別のOBから知らされた。わずか数ヵ月の間に体調が急変し、還らぬ人となったのだ。

実際に、名簿に名前のあった人物の大半が、すでに鬼籍に入っていた。

これが最後の機会かもしれない。取材班の誰もがそう感じ始めていた。イソコンの謎に迫る証言は、今、探し出しておかなければ、永遠に歴史の彼方に消えてしまう。危機感が募った。このOBの訃報をきっかけに、取材班は一層の覚悟をもって証言者探しにあたっ

飯村秀文は、40年前のイソコンの試運転の様子を知る、数少ない東京電力OB。イソコンの信頼性は高かったという（©NHK）

た。熱意が伝わったのか、次第に取材の趣旨に理解を示してくれるOBたちの協力が得られるようになった。こうした中でようやく巡り合ったのが、飯村だった。取材班にメールが届いてからすでに半年が過ぎ、２０１６年が暮れようとしている頃だった。

現れた40年前の証言者

「本当にでかい音がします。そして、ぶわーっと雲のような蒸気が噴き出す。原子炉建屋が包み込まれてしまうほどの大きさです」

77歳になる飯村《いいむら》秀文《ひでふみ》は、20代の若かりし頃の記憶を、昨日のことのように語り始めた。彼の脳裏に浮かんでいたのは、イソコンが稼働したときのすさまじい光景だった。

１９６１年に東京電力に入社した飯村は、１

969年から4年間、福島第一原発に赴任した。1号機の建設から運転開始までを見届け、このとき、1号機の試運転の段階で行われていたイソコンの稼働試験の様子を目撃していたのだ。飯村はこう証言する。

「イソコンは原始的な機構ですが、信頼性はとても高かったと記憶しています」

取材班にとって、イソコンが稼働した状態や、機能の評価を明確に証言できる人物は、初めてだった。

飯村は、1971年に1号機が運転開始する前、8ヵ月あった試運転の期間中にイソコンが稼働するのを何度も目撃していた。しかもイソコンは、運転開始当初は、原発が緊急停止する際に最初に起動する冷却装置として位置づけられていたと語ったのだ。まさに取材班が追い求めていた証言者だった。この証言に巡り合うまで、実に半年の月日を要した。

飯村は、福島第一原発に二度、計8年にわたって赴任したほか、本店や柏崎刈羽原発に勤務した後、日本原燃に出向して幹部を務めるなど、原子力畑を歩んできた技術者だった。大学では化学を専攻しており、水によって原子炉の熱交換をするイソコンの仕組みにも造詣が深い。

1号機の試運転が行われていた当時、イソコンの重要性はどう認識されていたのか。

「イソコンは、何もしなくても8時間は原子炉を冷やし続けるので、運転員はこの間に状況を安定化させるためのさまざまな手当てができる。気にすることと言えば、原子炉の鋼材を冷やしすぎないための操作だけです」

飯村の証言からは、試運転が行われていた当時、装置としての位置づけは極めて重要で、かつ信頼性が高かったことが窺える。

これを裏付ける公的な記述が、取材班が重視していた資料の中でも確認できた。東京電力が国に提出していた「原子炉設置変更許可申請書」だ。原発の建設から運転、そして廃炉に至るまでの過程で、電力会社は無数の書類を作成し、国に提出することが義務づけられている。その一つがこの申請書で、法律に基づいて、原子炉施設の安全性確保のため、電力会社が、施設の設置や変更について審査を受けるため国に提出している。福島第一原発の着工前から2011年の事故の前までに提出された数千ページにものぼる申請書は、福島第一原発の45年におよぶ歴史を語る貴重な資料だった。

最も古い文書は1966年7月。申請書の宛先には「内閣総理大臣　佐藤栄作殿」とある。当時の日本は、高度経済成長の真っ只中だった。東京オリンピック後の一時的な不況を脱し、戦後最大の経済成長とうたわれる「いざなぎ景気」が始まっていた。世界中の若者を熱狂させていたビートルズが来日し、怪獣ブームが社会現象を巻き起こした『ウルトラマン』のテレビ放送が始まったのもこの頃だ。

初期の申請書には、1号機のあらゆる設備の性能や耐震性能の考え方、想定される事故の形態とその影響、それに復旧のシナリオなどが、こと細かく記されている。イソコンは正式名の「非常用復水器」と記され、装置の仕様や原子炉建屋内の設置場所などの図面とともに、稼働条件についても、次のように明確に書かれていた。

「非常用復水器は、設定始動圧力74・5kg／㎠が約15秒間続けば、作動を開始し、原子炉の蓄積熱および崩壊熱を除去する」

何らかのトラブルで原子炉内の蒸気が逃げ場を失い、原子炉の圧力が一定の高さに達し、さらにその状態が15秒続いた場合に稼働する仕組みだ。この設定値は、のちに74・2kg／㎠、すなわち72・7気圧に下げられた（注：本書では、1メガパスカルを10気圧と換算）。当初から、イソコンは原子炉圧力を下げるために設けられている別の減圧装置よりも低く設定されていたのである。

つまり当時、原子炉の圧力が上昇するトラブルに対して、真っ先に稼働する重要な位置づけにあったのだ。飯村の記憶とも合致する。

「原発への信頼性が今ほど高くなかった初期の設計思想として、原子炉に何か異常があった場合、とにかく運転を止めることが求められた。真っ先に稼働するよう設定されていたイソコンは、頻繁に稼働することを前提に設置されていたはずです」

飯村はそう語った。

忘れられない轟音と蒸気

そのイソコンが稼働した場合、どのようなことが起こるのか。飯村は、遠い記憶をたぐり寄せるように、宙を見つめながら語り出した。

「当時、私は原子炉建屋から200メートルほど南の事務所にいましたが、それでもものすごい音を聞きました。譬えるとすればジェット機のエンジン音。轟音《ごうおん》です」

「建屋の西側にある細いノズルから、勢いよく蒸気が噴き出すんです。蒸気はぶわーっと雲のように一気に広がる。原子炉建屋全体を包み込んでしまうほどの大きさでした」

イソコンの稼働は大きな音を伴うことは知っていたが、具体的な証言を聞くのは初めてだ。噴出する蒸気の量も想像を超えていた。1号機の原子炉建屋の高さはおよそ50メートル。ブタの鼻と呼ばれる排気口は建屋の中央付近にあり、蒸気は25メートルを優に超える高さまで広がっていたことになる。

飯村は、手元にあったペンと紙をとると、何かを描き始めた。そこには、もくもくと噴き出した雲のような蒸気に包まれた原子炉建屋が描かれていた。シンプルではあったが、実際に見た者でなければ表現できない、すごみを感じさせた。

東京電力OBの飯村が描いた、イソコンが起動した直後に水蒸気が噴出する様子（©NHK）

「事務所の窓ガラスがびりびりと震え、心の準備ができていても何事かと驚くほどです。イソコンが稼働しているところを見た人は、その光景を二度と忘れないでしょうね」

45年以上前の記憶をここまで鮮明に語れることからも、イソコンが実際に稼働した現場を目撃したことは、よほど印象深い体験だったのだろう。

飯村は、イソコンの稼働した状態を伝聞でしか知らない世代が直面した今回の事故を振り返った。そして、情報伝達が困難だった現場の過酷な状況をおもんぱかったうえで、次のように指摘した。

「せっかくブタの鼻から出る蒸気を見に行ったのに、正確な情報が伝わらなかったことは残念です。稼働するとどんな音がするのか、どんな蒸気が噴くか、身をもって経験していれば、あの切迫した状況でも『動いていない』という判断ができたと思うんですね」

イソコンが動いている現場に立ち会う経験さえあれば、ブタの鼻からの蒸気を見て稼働状態を判断できる。飯村が語ったことは、逆に言えば、長期にわたってイソコンが動いてこなかったことが、現場の経験不足につながり、事故対応を困難にさせたことを意味した。1号機の運転開始後、イソコンの稼働状況はどうなっていったのか。さらなる証言者を探す必要が出てきた。

深夜の実動作試験の謎

1号機の営業運転開始前、8ヵ月にわたる試験運転では、大量の蒸気と轟音を出して何度も動いていたイソコン。しかし、東京電力の公式見解では、1971年に1号機が運転を開始してからは、イソコンは事故まで一度も動いていないことになっている。ところが、OBたちへの取材を続けていくうちに、思いがけない証言者に巡り合った。1号機の運転開始後もイソコンを実際に動かしていたのを見たというのだ。2017年が明けた1月のことだった。北山一美《きたやまかずみ》66歳。北山は、1号機が運転を開始した翌年の1972年に東京電力に入社。1号機の補機運転員として1年あまり福島第一原発に配属された。主に原子力の燃料畑を歩み、本店や福島第一原発を行き来し、柏崎刈羽原発の発電部長も務めている。北山は、最初に福島第一原発に勤務していた1973年までの間に少なくとも二度、イソコンを試験的に動かしている現場に立ち会ったことを明確に記憶していた。しかも奇妙なことに、それは、いずれも住民たちが寝静まった深夜を見計らうように、夜中に行われていたという。取材班の前で、北山は、その様子を1号機の原子炉建屋周辺の敷地図面に書き示しながら、語り始めた。

午前0時を過ぎた頃、中央制御室の操作盤の前に集められた運転員たちは、イソコンを動かす人、計器を読む人、それに建屋の外から蒸気を確認する人など、役割ごとに分かれて持ち場に移動していった。入社後間もなかった北山は、上司に指示されるまま1号機の中央制御室から外に出た。イソコンを動かした時に外に放出される蒸気の様子を屋外で監視して、中央制御室の中に伝える役割だった。ページングと呼ばれる構内放送で、イソコンを起動させたという連絡が入って間もなく、1号機の原子炉建屋にあるブタの鼻からゴーッという大きな音とともに真っ白な蒸気が噴き出した。夜空の暗闇の中、もうもうと噴き出す白い蒸気は誰が見てもはっきりと捉えられたという。北山がすぐさまその状況を中央制御室に伝えると、中央制御室の担当者はイソコンに送る蒸気の弁を閉じた。間もなく、ブタの鼻から出ていた蒸気は途絶え、何事もなかったかのように再び夜の静けさが辺りを包んだ。

北山の証言では、1号機が運転開始してからも、イソコンが正常に動くかどうか、いわば「実動作試験」というべきものを行っていたことになる。しかも、それは、操作をする運転員の訓練を兼ねていたことを窺わせた。さらに、なんとも不思議なのは、なぜ深夜に行っていたのかという理由である。取材班の疑問に、北山はこう答えた。

「イソコンを動かすとものすごく大きな音がして、住民をびっくりさせてしまう。ですから、周囲にあまり大きな影響を与えたくない気持ちがあったからではないでしょうか。当時、真夜中に起きているのは、あの周辺では我々、運転員だけ。それに周辺の集落とは2～3キロほど離れていますし、何十分もの間イソコンを噴かすことはないですから」

この実動作試験では、実際に原子炉から出る蒸気を使っていたのか、あるいは、ハウスボイラーで焚いた放射性物質の含まれていない蒸気を試験用に使っていたのかは、北山も定かではない。ただ、イソコンを実際に動かしていたことによって、ブタの鼻から出る蒸気や轟音は、当時の運転員の誰もが経験し、知っていたという。

北山は、1973年6月に2号機の建設を担当する部署に異動する。これ以降、イソコンの実動作試験が行われていたのかはわからないという。実際、1973年半ば以降、イソコンを動かしたのを見たという証言も一切見つかっていない。イソコンの実動作試験が行われなくなった理由については、北山も知らず、「もしかすると、実際に蒸気を噴かすのをやめて、バルブの開け閉めだけで確認するということになったのかもしれませんが、よくわかりません」と語った。

北山は、退職後、母校の東京工業大学の特任教授などを務め、福島第一原発事故対応の研究を続けている。これまでの自分の分析から、事故対応においては、イソコンへの対応が非常に重要だったと指摘したうえで、「イソコンに慣れている人があまりいなかった」と残念がった。

北山の証言から明らかになったイソコンの実動作試験。それは、運転開始後に一定期間続けられ、運転員がイソコンを実際に動かす経験を持つための訓練も兼ねていた。だとすると、この重要な意味をもつ実動作試験は、いつなくなったのか。そして、なぜ行われなくなったのか。取材班の前に新たな謎が立ちはだかってきた。

知られざる優先順位の変更

１９７３年半ば以降、イソコンの実動作試験が行われなくなるのを反映しているのか、設置変更許可申請書でも、イソコンに関する記述が次第になくなっていく。１号機が建設中だった１９６８年11月の申請書では、その稼働条件について従前と変わらない表記がなされているが、試運転中の１９７０年9月以降、１９７７年2月まで、実に7年にわたってイソコンの記述が途絶える。その後は、１９８０年12月に他の減圧装置の稼働条件を説明する中でわずかに触れられるだけで、これを最後に「非常用復水器」という文字を申請書から見つけることはできなかった。１９７０年代の半ばあたりから、イソコンは、フェイドアウトするように、動いた形跡がなくなっていく。それは、まるで、イソコンが〝封印〟されてしまったかのようだった。

いったいイソコンは、いつから全く動かなくなってしまったのか。

取材班が、改めて1号機のトラブルを調べていくうちに奇妙なことに気がついた。残された記録を見ると、少なくとも１９８０年代以降は、今回の事故と同じように、原発が緊急停止して原子炉の圧力が高まるトラブルが5年から10年ほどの間に一度のペースで起きていた。例えば、１９８５年8月には、1号機で二度にわたって、相次いで原子炉が緊急停止している。8月21日、原発の蒸気をタービンに送る配管を閉じる主蒸気隔離弁と呼ばれるバルブのスイッチを清掃作業中に誤って入れてしまい、原子炉の圧力が異常上昇。緊急停止している。2日後の8月23日。今度は、原子炉に給水する配管の振動によって、誤って主蒸気隔離弁のスイッチが入り、原子炉圧力が異常上昇。再び緊急停止している。このように何らかの異常で主蒸気隔離弁が閉じ、原子炉圧力が上昇して、緊急停止に至るのは、２０１１年3月11日の地震の時と似た状況である。

そうであれば、緊急停止後、原子炉を冷却するためにイソコンが動いているはずである。しかし、１９８５年のトラブルでは、２回ともイソコンは動いていなかった。そのかわりに、別の方法で冷却されていたのだ。

原発には、原子炉を冷却する二重三重ものバックアップがある。当然、１号機もイソコン以外の冷却方法が用意されている。１９８５年のトラブルの時は、逃がし安全弁、通称ＳＲ弁と呼ばれるバルブを作動させて、冷却する方法がとられていた。

ＳＲ弁は、原子炉の蒸気を直接、配管を通して格納容器に逃がすためのバルブである。ＳＲ弁を開いて蒸気を逃がすことで、原子炉の圧力は急速に下がる。圧力が下がった原子炉に、原発内にあるタンクから水を注いで冷やしていくのである。１９８５年のトラブルは、いずれもこの方法で原子炉を冷却していた。

福島第一原発が稼働する時点では、最初に起動するように設定されていたイソコンが起動せず、優先順位の低いＳＲ弁が起動したとすれば、どこかの時点で、設定が変えられたのではないか。取材班は、今度はＳＲ弁に関する記述を探し出すため、改めて設置変更許可申請書を読み直すことにした。ほどなく運転開始前の申請書で、作動圧力の値が確認できた。

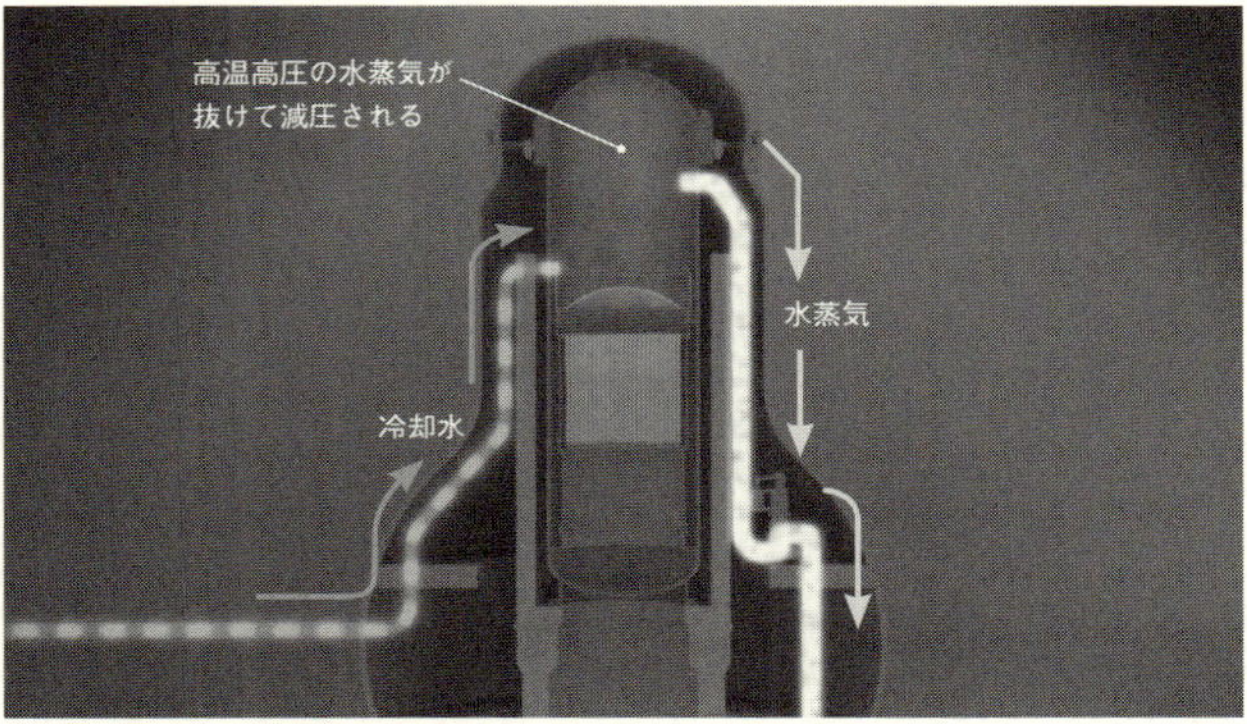

SR弁が開いて、原子炉内の水蒸気が外部に逃がされると、炉内の圧力は急速に低下し、タンクから冷却水が容易に注げるようになる（CGⓒNHK）

１９６８年の申請書に、「74・４気圧」と記されている。原子炉圧力が74・４気圧に高まると、ＳＲ弁が作動するという意味だ。１９７０年の時点でも同じだった。試運転の時点では、「74・４気圧」は、イソコンの設定圧「72・７気圧」より高い。つまり、ＳＲ弁よりイソコンの方が、先に動くよう位置づけられていたのである。しかし、それ以降は、どこを探しても、ＳＲ弁の作動圧力の値についての記述は見つからなくなった。じれったい思いを抱えながら、無数の文字の列にひたすら目を通す。

10年分の申請書を読み終えても手がかりはない。作動圧力の変更は申請書に記されていないのではないか。そもそも設定が変わっているという予想が的外れではないのか。不安がよぎる。

１９８０年の申請書に目を通し始めた時だっ

た。突如としてSR弁についての記述が現れた。「信頼性向上のためバネ式のものに変更する」とある。作動圧力もこのタイミングで変わった可能性が高い。恐る恐るページを繰っていくと、それははっきりと、しかし、さりげなく記されていた。これまで74・4気圧と記されていた値が、72・7気圧に引き下げられていたのだ。取材班が思い描いていたシナリオが裏付けられた瞬間だった。東京電力はこの時に、SR弁が優先的に動くよう作動圧力を変えたのではないか。

取材班は、水面下で、SR弁やイソコンの設定値に詳しい関係者に取材を続けた。その結果、やはり1980年に提出された申請書に基づいて、翌年の1981年にSR弁の作動圧力が突如72・7気圧に変更されたことがわかった。72・7気圧という値は、運転開始当初から変わっていないイソコンの設定値72・7気圧とまったく同じ値だ。それなのに、なぜSR弁が優先されるのか。

先述したように、イソコンは、原子炉の圧力が72・7気圧に達した状態で、この圧力が15秒間維持されて初めて動く仕組みになっている。一方のSR弁は72・7気圧に達した時点ですぐに弁が開いて、蒸気が格納容器へと逃げるので、ただちに減圧が開始される。すなわち、両者が同じ設定値の場合は、SR弁が優先的に開くことになるので、イソコンが動くことはなくなる。

つまりこの時点で、イソコンとＳＲ弁の優先順位が逆転し、イソコンは、事実上、封印状態に置かれるようになっていたのだ。１９８０年代のトラブルでは、いずれもＳＲ弁が動き、イソコンが動いていなかったのは、このためだったのである。イソコンとＳＲ弁を動かす優先順位が逆転した１９８１年。その後、記録上、２０１１年の事故までイソコンは一度も動いていない。イソコンを巡る謎のベールが、少しずつはがされ、立ちこめていた霧がゆっくりと晴れてゆくようだった。

それにしてもなぜ設定値の変更が行われたのか。東京電力ＯＢの飯村の発言にもあるとおり、イソコンに対する技術者の信頼は高く、運転開始後も、初期の段階は、実動作試験をしていたという証言もある。そのイソコンが、なぜ使われなくなっていったのか。取材班は、１９８０年代以降の福島第一原発をよく知る関係者にも取材の幅を広げ、イソコンが〝封印〟されていった深層に何があるのかを探ることにした。

動かすのを躊躇する装置

「イソコンを実際に動かすことに、躊躇《ちゅうちょ》があったというのは、率直なところなんです」

重い言葉だった。元東京電力幹部の二見《ふたみ》常夫《つねお》（74歳）は、時折、目をつむって、自分の考えを整理しながら、言葉を噛みしめるように、語り始めた。

東京工業大学で原子核工学を学んだ二見は、1967年に東京電力に入社。原子力分野を歩み、1997年には福島第一原発の所長に就任。原子力部門のナンバー2にあたる本店の常務も務めた。大学の先輩として、当時、通産省に内定していた吉田を東京電力に強く勧誘した過去があり、吉田とも親交が深かった。取材班は、福島第一原発の初期から事故に至るまでの知識と経験に通じている二見に、イソコンを巡る問題意識をぶつけることにしたのだ。

二見は、1981年にイソコンとSR弁の作動の優先順位が逆転した経緯や理由について、直接は知らなかった。そのうえで、1980年前後から事故に至るまでの過去の経緯を振り返ると、躊躇という言葉を何度か口にして、イソコンを動かすことに対する「ためらい」のようなものがあったと指摘した。その理由の一つは、轟音と蒸気への懸念である。

「やはり、大きな音がしたり、大量の蒸気が出たりすることが周辺地域の人に不安を与えてしまうのではないか」

二見は、そう語った。これは、運転開始直後に実動作試験が深夜にかぎって行われていた理由について、北山が「イソコンを動かすと大きな音がして、住民をびっくりさせてしまうので、大きな影響を与えたくない気持ちがあったのでは」と証言したことに通じる。

そして、もう一つが、放射性物質の漏洩リスクだった。イソコンは、原子炉から蒸気を

福島第一原発所長を務めた二見常夫は、「イソコンは動かすことを躊躇する装置だった」と証言した（©NHK）

通す配管をタンクに入れて冷やす仕組みになっている。その位置は、放射性物質の漏洩を防ぐ砦・格納容器の外に置かれている。配置から見ると、蒸気が通る配管を通して内部の原子炉から格納容器の外部へと貫いている装置とも言える。もし、この配管が破損すると蒸気の中に含まれていた放射性物質がブタの鼻から外部に放出されるおそれがあるのだ。

「原子炉からの生の蒸気が、配管のいわば壁1枚で外気と隔離されているというのが、非常に嫌な部分であって、実際に動かすことについて、躊躇するところがあった」

二見はそう語った。

実際に、アメリカでは、1976年に福島第一原発1号機と同型機のミルストン原発1号機で、イソコンの配管に微細な亀裂が生じ、微量

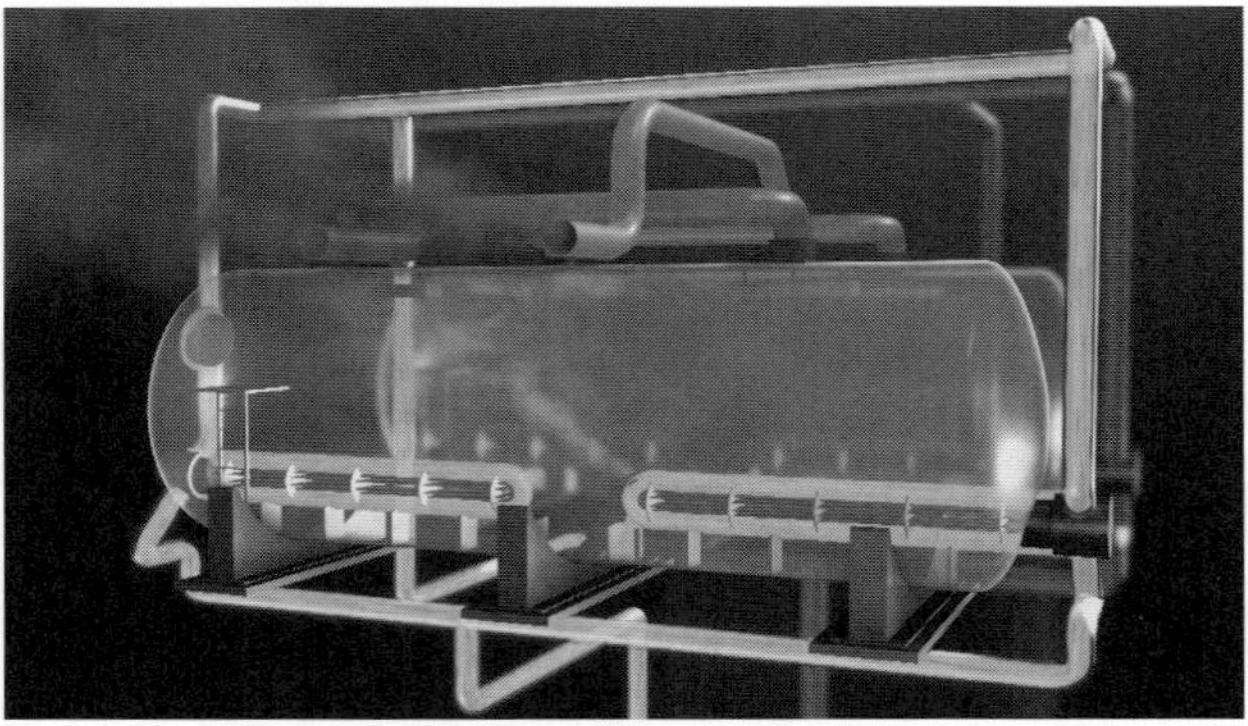

イソコンは、原子炉から出た放射性物質を含む高温の水蒸気を、タンクに貯められた冷却水で冷やす。装置自体は格納容器の外部にあるため、放射性物質の漏洩のリスクがあった（©NHK）

の放射性物質が外部に漏れたというトラブルも報告されている。

このトラブルについて、当時、東京電力が把握していたかどうかは、記録や証言が一切なく、確認がとれなかった。従って、こうしたトラブルが、イソコンとSR弁の優先順位逆転につながったかどうかは、今となってはわからない。ただ、これまでの取材で、二見以外の複数の元幹部も、1970年代後半になると関係者はイソコンに放射性物質漏洩のリスクがあることを意識していたと証言していた。

核燃料に詳しい別の元東京電力幹部は、イソコンの弱点として、「原子炉から出ている配管が損傷した場合、放射性物質が漏れるというう運転操作上のリスクがあると言われていた」と述べ、安全にわずかでも支障があるなら使用を避けたいというイソコンへのネガティブな雰囲気があったと証言している。

１９７０年代半ば以降、イソコンが封印されていく背景には、放射性物質漏洩のリスクと、轟音と蒸気が周辺住民に与える不安があった。あの事故を経験した今、この事実をどう考えるべきなのだろうか。

取材班の問いに対して、二見は、「周辺地域の方々のことをあまりにも意識しすぎて、なんとか穏便に、ソフトランディングできないかということを考えがちだった」と語った。

そのうえで、二見は、「大きな反省としては、問題があれば、勇気をもって提起して、英知を集めて、議論して解決していくようなプロセスが大切だった」と述べて、イソコンを実際に動かす経験が途切れないように、周辺地域にも理解を得たうえで、何らかの形で実動作試験を続けていくべきだったと振り返った。

共有されなかった方針転換

轟音と蒸気がもたらす住民への不安と放射性物質漏洩のリスク。40年以上過去まで遡る取材の結果、イソコンを動かさなくなった要因が浮かび上がってきた。

ただし、これだけでは、１９８１年にイソコンとＳＲ弁の優先順位を逆転させる〝方針転換〟が行われたことを説明できたとはいい難い。実は、SR弁を使った冷却にも別のリスクが存在するからだ。SR弁は、原子炉の蒸気を格納容器に逃がすので、一気に減圧させることができるが、一方で、長く動作させていると原子炉の水はどんどん減ってしまい、ついには、原子炉は空焚きになるおそれがある。このため、原子炉には別の装置ですぐに水を注入し、冷却する必要がある。この注水作業が遅れると、原子炉が急激に過熱して、メルトダウンを起こす危険が出てくる。

さらに、原子炉の水には、強い放射線の影響によって生成する微量の放射性物質が含まれるので、SR弁によって格納容器に蒸気を逃がすと、格納容器にも放射性物質による汚染が生じてしまう。SR弁を使う対応は、様々な手間がかかり、リスクもある。それでもSR弁を優先させたのは、よほどの理由があったはずだ。取材班は、1980年初頭、東京電力本店や福島第一原発で、この方針転換に関わった関係者を取材した。

当時、福島第一原発には、設備の設定値などの変更に関わりうる部署が二つあった。発電部と技術部である。発電部は、運転員が所属する発電課と保守管理を行う保修課を抱え、原発の運転管理や保修を担う実働部門である。これに対して、技術部は原発の機器の安全性を技術的観点から評価し、助言する、いわば頭脳にあたる部門である。安全上重要な設備の設定値変更であれば、技術部が安全性を評価したうえで、その判断を元に、発電部が設定値の変更を行ったはずである。

1981年の設定値の変更に直接関わったとみられる発電部や技術部の担当者は、亡くなっていたり、高齢で体調を崩していたりして、本人から話を聞くことはできなかったが、後任や同僚など、当事者に近いOBには何人かあたることができた。しかし、発電部のOBに話を聞くと、SR弁の設定値の変更については知らないという。「SR弁の設定値の変更は安全に直結するので、技術部が議論して変更したのだろう」という回答である。

そこで、技術部のOBに取材すると、「技術部で議論した覚えはない。発電部だけで変更したのだろう」と答える。担当をたらい回しされるような取材が続く中で、取材班は、この方針転換を知りうる本店中枢の立場にいた人物に会うことができた。1981年当時、本店の原子力運転管理部の副部長だった澤口祐介《さわぐちゆうすけ》である。澤口は、東京大学工学部を卒業後、1956年に東京電力に入社。主に原発の技術系の重要部署を歴任し、原子力部門の副本部長も務めている。83歳になる澤口は、現役時代を彷彿させる明晰な語り方で原発の機器や技術について説明し、当時のことも驚くほど記憶していた。しかし、肝心の問いに対する答えは拍子抜けするようなものだった。澤口はこう答えた。

「この頃にSR弁の設定値を変えていたことは、いま初めて知りました。こういう話なら立場上、私に報告が上がっていてもおかしくないのですが、残念ながら思い出せません」

ＳＲ弁の作動圧力の変更は、安全審査に関わる案件のはずだが、覚えがないという答えだった。澤口は、当時は、技術革新にともなって様々な新しい装置が導入される中、一つの装置の設定値の変更まで覚えている方が難しいとも説明した。さらに、この頃は、福島第二原発の運転開始に向けた審査の行方が最大の関心事で、無数の案件の中で、ＳＲ弁の作動圧力の変更が埋もれていった可能性もあると話した。

「説明がなかったのか。私が忘れているだけなのか。今となってはわかりません。ただ、当時はいずれにせよ、その程度のこととして扱われたのだと思います」

澤口は、終始冷静な口調で、そう語った。

イソコンの謎に迫る中で、取材班は、１９８１年のＳＲ弁の設定値の変更が、重要な分岐点だったという考えに至った。しかし、複数の関係者に取材をした結果、その目的や議論の中身についての詳細はわからず仕舞いだった。見えてきたのは、この方針転換が思いのほか些末《さまつ》なものとして扱われていた可能性だった。

運転開始直後に、実動作試験が行われていたことを証言した北山は、１９８１年の設定値の変更の際は、福島第一原発の技術課副長だった。取材班が、ＳＲ弁の設定値変更について聞くと、やはり、まったく知らなかったと驚いた様子だった。北山は「こうした重要な変更は、技術検討書のようなものを書いて、理由や目的を意思決定する上層部にきちんと理解してもらうとともに、関係する技術者や現場の人たちに周知すべきではないか」と語った。しかし、その技術検討書のような記録は、一切見つからなかった。取材から浮かび上がってきたのは、1981年の方針転換は、関係部署の間でもごく限られた人間しか知らず、組織全体で情報を共有したとは、とても言えない実態だった。

SR弁の設定値変更の理由について明確な証言が得られなかったというのは、本来は重要なはずのこの変更が、関係部署にすら共有されず、また、担当者が異動などで部署が変わった途端、誰にも引き継がれず、いわば責任者不在で行われてきたことを裏付けているのではないだろうか。

東京電力の内部調査

なぜ、SR弁の設定値を変更したのか。証言や記録が見つからない以上、残された道は、東京電力に直接、内部調査を求めるしかない。取材班は、2017年2月上旬、文書で取材を申し込んだ。2週間近く経った後、東京電力は、調査した結果を回答してきた。

取材班の予想通り、変更は、1981年の定期検査にあわせて行われていた。1号機ではこれまで海外製だったSR弁を国産のSR弁に変更し、この際に作動圧力を変更したというものだった。新たなSR弁は、一定の圧力に達すると電磁弁が動作して原子炉の圧力を抜く逃がし弁の機能と、原子炉の破損を防ぐためにバネの力で強制減圧する安全弁の機能が一緒になったもので、従来のSR弁よりも確実に作動し、信頼性が高いものだったというのである。しかし、変更の詳しい理由については、当時の資料を探してみたが「SR弁の信頼性向上のため」という記載しか書面に残されておらず、それ以上はわからなかったという答えだった。

なぜ、イソコンよりSR弁を優先させたのか。取材班は、重ねて問うた。しかし、東京電力は、「どういうロジックでSR弁を優先させたのか記録に残されておらず、確認できなかった」と繰り返すだけだった。1980年前後、どのような議論を経て、イソコンからSR弁を優先させるという方針転換がなされたのか。記録がないという壁にはばまれ、方針転換の詳細は、謎に包まれたままになってしまったのである。

リスクが阻んだ実動作試験

イソコンを巡る最後の方針転換。それは、取材班に送られてきたメールが指摘した通り、事故の8ヵ月前の2010年7月に行われていた。取材班が、内部調査を求めたことに応じて、東京電力が最終的に文書で回答してきたのである。メールから9ヵ月が経った2017年3月初旬のことだった。

変更のきっかけは、2009年2月25日に1号機で起きたトラブルだった。トラブルは、原子炉とタービンを結ぶ配管が異常振動を起こしたため、タービンバイパスの弁が閉じて、原子炉圧力が上昇。自動的に緊急停止するはずが、なかなか停止せず、最終的に手動で原子炉を止めたというものだった。

このトラブルを調べていくなかで、原子炉圧力が上昇したら、すぐにSR弁が開いて原子炉圧力が下がったため、緊急停止する72・7気圧に達しなかったことが判明したという。SR弁は、1981年に72・7気圧に達すると開くよう設定されたが、実は、少し幅をもたせて設定しているため、72・7気圧より低くても弁が開くことがあるという。2009年のトラブルの時は、原子炉圧力が上昇し、72気圧に近づいた段階で、SR弁が開いてしまったのである。

このトラブルを受けて、東京電力は、設定値の全面的な見直しを迫られた。安全のためには、何らかのトラブルで原子炉圧力が上昇した場合、まず原子炉を確実に緊急停止する必要があった。このため、緊急停止する設定値をこれまでより低くすることを決めた。

東京電力は、イソコンとSR弁の作動する順番についても改めて議論した。そして、原発にトラブルが起きた時、SR弁よりも先にイソコンを動作させた方が、原子炉の水を失うことなく崩壊熱を冷やせることから、イソコンを優先すべきだという結論になったのである。

この結果、70気圧ある原子炉の圧力が何らかのトラブルで上昇した場合、まず70・7気圧に達したら原子炉が緊急停止。次いで71・3気圧になったらイソコンが起動して、原子炉を冷却することにしたのである。SR弁の設定値は、イソコンより高い72・7気圧に設定された。1981年の方針転換から、約30年を経て、1号機が建設された当初の設計思想に先祖返りする方針転換だった。

イソコンの設定値の変更は、原発の保安規定にも関わる安全上重要な変更である。この変更に対して、東京電力はどのような対応をとっていたのか。取材に対し、東京電力は、「設定値の変更は、保安規定の変更に関わるので、その変更の周知をし、マニュアルにも反映させた。運転員は、原子炉緊急停止の次にイソコン起動、さらにSR弁作動という順番になっていることは知っている。また、マニュアルは、現地の保安検査官は見られる立場にあるので内容は知っているし、保安検査官からは特に指摘はなかった」と答えた。

そのうえで、トラブルなどが起きた時の対応は、現場の当直長の裁量に任されていると回答した。

現場の裁量に任されているならば、現場は、イソコンの詳細を熟知しておかなければならない。しかも2010年の方針転換は、長期にわたるイソコンの事実上の封印が解かれたことを意味する。現場では、すでにイソコンを動かした経験者がいなくなっていたのである。経験不足に備えるための対策は慎重になされるべきだったはずである。

取材班は、設定値の変更によって、イソコンが作動しやすくなったにもかかわらず、なぜ実動作試験や運転訓練を行ってこなかったのか、東京電力に問うた。

東京電力は、イソコンの動作確認については、弁を開け閉めさせる試験をもって担保していたと回答。運転訓練については、事故時運転操作の訓練の中で、システムの研修を行うとともに、日々の現場巡視や定期検査の中の保全活動など業務の中で装置についての知識を身につけていたと答えた。

実際に、こうした知識があったから、地震による原子炉の緊急停止の後、津波が来るまでの間、運転員がイソコンを操作して原子炉の水位や圧力を制御できていたと説明を加えた。

しかし、イソコンを巡る問題は、津波ですべての電源が失われてから起きている。電源喪失後、イソコンが動いているかどうかわからなくなり、ブタの鼻からの蒸気を確認したが、免震棟は、イソコンが動いているという誤った判断をしてしまった。イソコンが実際に動いたのを見た経験者がいなかったことが原因であることは否めない。なぜ、経験不足に備えるためにも実動作試験を行わなかったのか、再度東京電力に回答を求めた。

この問いに対して、東京電力は「イソコンの配管から漏洩があった場合、実動作させることにより、大気中へ放射性物質を直接放出させるリスクがあるため」と答えた。二見が証言したように、イソコンのタンクを通る原子炉からつながる配管が破損すると、蒸気の中に含まれていた放射性物質が外部に放出されることを、リスクと明記して、そのリスクこそ、実動作試験を阻んだ理由だったと認めたのである。

経験不足というリスク

東京電力は、2013年にまとめた「原子力安全改革プラン」で、1号機が津波到達以降、短時間でメルトダウンに至ったことについて、イソコンへの対応が事故進展に大きな影響を与えたことを認めている。そして、イソコンの稼働状況について正しく情報が共有されなかった根本的な原因として、運転開始以降、実動作試験を実施してこなかったことをあげている。その理由を、放射性物質漏洩のリスクだったと東京電力は明らかにしたのである。

しかし、放射性物質漏洩というリスクに慎重になりすぎたがゆえに、経験不足という重いリスクを背負ったのではないだろうか。

取材班と事故検証を続けてきた東京海洋大学教授の刑部《おさかべ》真弘《まさひろ》は「運転員がイソコンを動かした経験があるかないかは大きい。経験と教育だけが、予想外の危機に対応でき、リスクを減らせる備えではないだろうか」と指摘している。

事故8ヵ月前の方針転換によって、あの日、40年ぶりに動き始めたイソコン。しかし、経験不足という重荷が現場から本店まで組織全体にのしかかり、本来の冷却機能を発揮できずに、事故対応を困難にさせていったことは否めない。イソコンを巡る40年の歴史は、安全とリスクを天秤にかける上で、重い教訓を投げかけている。

危機に直面した時に生じる様々な困難や失敗は、決して、想定外や偶然によるものだけではなく、組織が積み重ねてきたことの必然的な帰結でもあるのではないだろうか。

らいを持つ現場の担当者もいた。轟音と大量の蒸気を出すだけでなく、イソコンは非常用炉心冷却系（ECCS）に準ずる扱いとなっていたため、稼働させるとその後の役所や地元への説明が煩雑だからだ。

担当者は考えあぐねた挙げ句、恐る恐るイソコンを稼働させることについて本店の決裁を仰いだ。すると本店からはあっさりと決裁が下りた。当時、本店の原子力系トップにあたる原子力立地本部長は、福島第一原発での勤務経験者でイソコンの仕組みには明るい人だったという。まさに、イソコンの封印が解かれようとしていたその時だった。1号機の中央制御室現場にいた運転員から連絡が入った。イソコンを使わなくても、クリーンアップ系と呼ばれる別の系統をラインアップさせることで原子炉の冷却が可能だというのだ。この運転員の機転のため、結果としてイソコンは使われることなく、原子炉の冷却を確保することができた。

そして、このトラブルの教訓として東京電力は、配管破損の起きた冷却系の配管を、原子炉建屋とタービン建屋を繋ぐ、通称、松の廊下と呼ばれる通路の中を貫くように設置することにしたという。当時の担当者は、いわば厄介者のイソコンを使わずに済んだことに胸をなで下ろしたかもしれないが、結局、イソコンを動かすという経験のチャンスは失われることになったのだった。

見送られたイソコンを動かすチャンス

福島第一原発所長の吉田は、いわゆる吉田調書、政府事故調によるヒアリング記録の中で、次のような言葉を残している。事故から4ヵ月後の2011年7月に行われた聴取の中で、調査委員会のメンバーから「福島第一原発でイソコンを起動したのは初めてか」と問われたのに対し、吉田は「1回あります。私はそのとき（福島第一原発に）いませんでしたから覚えていないんですけれども、平成3年ごろに、（中略）1号機が海水系の埋設配管が漏洩したことがあって、そのときにＩＣ（イソコン）を回したと聞いているんです」と答えている。

この内容は、イソコンは実際には動かしていなかったと後日、訂正するに至ったが、東京電力のＯＢへの取材から、実は、イソコンの稼働を本格的に検討した最初で最後のタイミングだったことが明らかになった。

1991年10月、1号機では、原子炉建屋の地下を通していた冷却系の海水配管が腐食で破損し、海水が漏れ出すというトラブルが発生。原子炉は手動で停止し、放射性物質が漏れ出すような事態には至らなかったために、社会的には大騒ぎにはならなかったものの、原子炉の冷却手段が失われるという、現場では夜を徹して対応にあたる深刻な事態に陥っていた。原子炉を停止させても、核燃料は莫大な崩壊熱を出し続けるので、放っておくと原子炉の圧力が高まってくる。一刻も早く核燃料を冷やさなければならないのだが、冷却ポンプを回すと破損部分から海水が漏れ、建屋の床下のすき間から海水が溢れ出してくる。何度かポンプを動かしたり止めたりを繰り返していたが、このままではらちが明かない。そこで現地対策本部が目を付けたのがイソコンだった。しかし、イソコンを動かすことにため

第３章

日本の原子力行政はなぜ事故を防げなかったのか？

失敗から学ぶ国「アメリカ」との決定的格差

アメリカからの厳しい指摘

福島第一原発事故の悪化を決定づけた、1号機のイソコンを巡る判断。この問題を厳しく指摘した原子力団体の報告書がある。

「IC〔イソコン〕に関する詳細な知識の不足が、ICが適切に運転しているか否かの診断を困難にした可能性がある」

「何人かの対応要員は、〔イソコンの〕AC駆動内側隔離弁とDC駆動外側隔離弁が、DCロジック系統の電源喪失時に閉止することを認識していなかった。さらに、何人かの運転員は、〔イソコンの〕復水器タンクに十分な水があり、補給せずに10時間程度運転できることを理解していなかった」

米国原子力発電運転協会（INPO）が2012年8月にまとめた特別報告書追録「福島第一原子力発電所における原子力事故から得た教訓」に書かれている一節である。この「追録」は、日本の政府事故調や国会事故調の報告書には書かれていない、具体的な知識の不足を断定的に指摘している。INPOとは、商用原子力発電の高度の安全性と信頼性の推進のため、原子力発電事業者により非営利法人として1979年に設立された機関だ。この協会は、事故後、東京電力からの依頼を受けて、商業用原発の専門家によって組

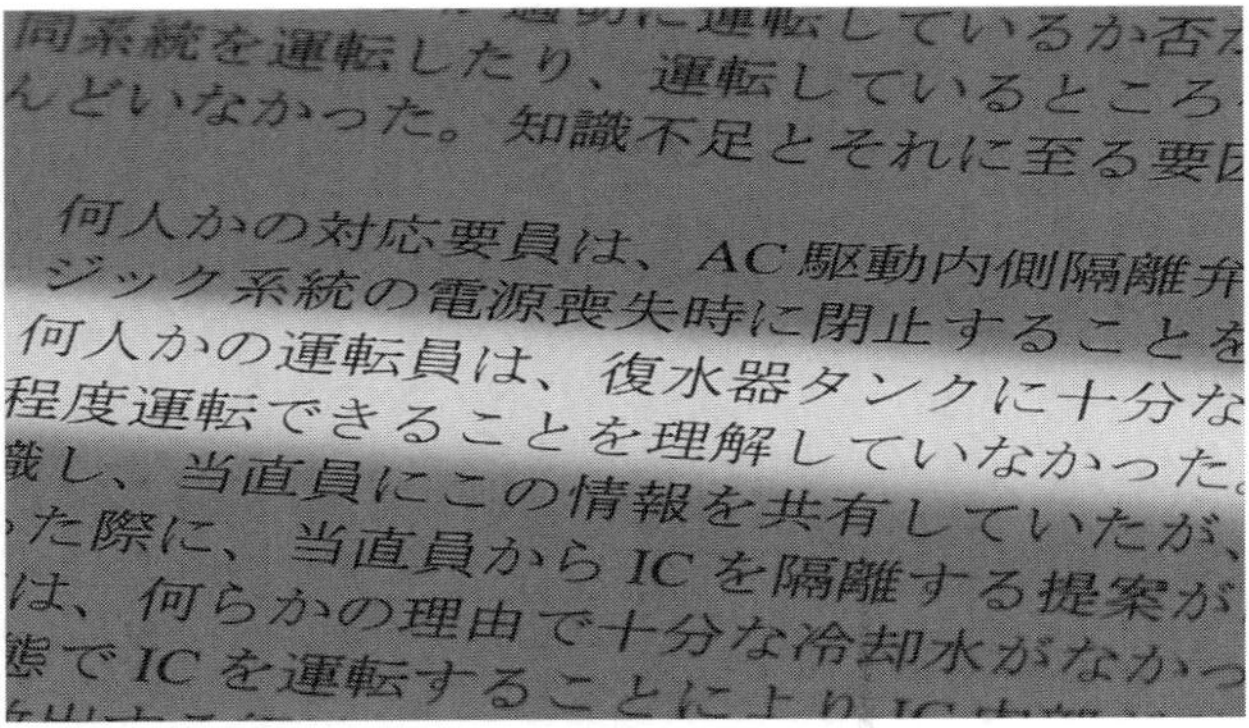
同系統を運転したり、運転しているところ
んどいなかった。知識不足とそれに至る要
何人かの対応要員は、AC駆動内側隔離弁
ジック系統の電源喪失時に閉止することを
何人かの運転員は、復水器タンクに十分な
程度運転できることを理解していなかった。
し、当直員にこの情報を共有していたが、
た際に、当直員からICを隔離する提案が
は、何らかの理由で十分な冷却水がなかっ
でICを運転することにより

米国原子力発電運転協会による特別報告書追録には、イソコンに関する詳細な知識の不足を厳しく指摘している記述がある。日本語訳（参考和訳）を日本原子力技術協会（JANTI）が行っている（©NHK）

織された検証チームを日本に派遣し、事故当時の記録や報告書を精査し、さらに中央制御室で事故対応に当たった運転員たちから直接聞き取り調査を行い、この報告書をまとめたという。原子力安全神話に囚《とら》われていた日本にとって、心に突き刺さる指摘がいくつもされている。

この報告書の優れているところは、運転員や緊急時対応要員の知識不足を指摘するだけでなく、「なぜ、知識不足だったのか」という、より根本的な問題を指摘していることだ。

「知識不足の大半は、教育訓練に対する体系的なアプローチを用いずに作成した教材と教育訓練のあり方にさかのぼることができる」

「コンピューターベースの教育訓練環境と低頻度の再訓練（3年毎《ごと》）に依存したことで、

知識を保持するとともに理解を深める上での脆弱性がもたらされた」

米国原子力発電運転協会から指摘されているのは、イソコン操作の知識の欠落とそれをもたらした教育訓練の不備だった。アメリカから原発を輸入し、原発の安全管理のノウハウを学んできたはずの日本が、なぜ危機対応や教育・訓練に重大な弱点を抱えることになったのか。本章では、アメリカの原子力行政を統括するＮＲＣ（米国原子力規制委員会）などを取材し、危機対応の考え方や備え方に日米でどのような違いがあるのか、その深層を探った。

定期的に行われていた実地訓練

２０１７年２月、取材班は雪景色の米国東海岸に向かった。ニューヨークから東北東に向かって、車でおよそ３時間。コネチカット州ウォーターフォードの郊外に、ドミニオン社ミルストン原発がある。３基ある原子炉のうち最初に運転が開始された１号機が、福島第一原発と同じ時期に建設された沸騰水型原子炉（ＢＷＲ）で、イソコンが備えられている。すでに営業運転が終了しており、廃炉作業が始まるのを待っている状態で、取材班を快く受け入れてくれた。

出迎えてくれたのは、20年間にわたって１号機の運転員の訓練を担当していたというゲ

ミルストン原発１号機の運転員の訓練を担当していたゲイリー・スタージョンは「私なら、あの状況でイソコンを止めることもなかった」と言い切った（©NHK）

イリー・L・スタージョン（上級原子力技術スペシャリスト）。運転員の訓練の必要がなくなった現在は、廃炉作業が始まるまでの1号機の管理を担当しているという。福島第一原発事故について、スタージョンは、非常に残念がって次のように語った。

「イソコンを動かした経験があれば、排気口（ブタの鼻）から出る蒸気を見て運転状況の判断を間違えることはなかっただろうし、私なら、あの状況でイソコンを止めることもなかった」

イソコンはいったん起動したあと、停止しても、イソコンのタンク（胴側の復水器）にはまだ多くの熱が残っている。そのため、バルブが閉じられ、停止した後も、ブタの鼻から蒸気が出ていることがある。そのため、イソコンが動いているときのブタの鼻の様子を見たことがない人は、目視してもイソコンが稼働しているかどうかを見極めるのは困難であり、逆に、動作中の様子がどうであるかを知っていれば、イソコンが動いていないと判断することは簡単だというのだ。

スタージョンによると、イソコンをどれぐらいの時間稼働させると、タンクの水位がどれぐらい下がるかは、運転員なら当然知っておくべき基礎知識であり、事故の状況下で、圧力制御のためにイソコンに頼っているのであれば、タンクの水位レベルが心配だからといって停止することはないという。また、電源喪失時には、水位がどんな状態であっても、イソコンを停止してSR弁（主蒸気逃がし安全弁）での冷却に頼ることは行わないという。SR弁を開くことによって一気に原子炉内の冷却水が失われてしまう方が、事態をより悪化させてしまうからだ。

スタージョンが迷いなく「イソコンを稼働すべきだった」と言い切ることができるのはなぜなのか。この問いに彼はこう答えた。

「私たちは、5年に一度は実際にイソコンを起動させる試験を行っています。イソコンが原子炉を冷却する能力が十分かどうかを確認するためです」

そして、こう言葉を継いだ。

「このとき、運転員は実際にイソコンを稼働させて、学習・訓練することができます。目視で、また音で稼働状況を理解します。こうした実地訓練を行った運転員は、イソコンが稼働しているかどうかが簡単にわかるようになります」

40年近くにわたってイソコンを動かしていなかった福島第一原発。これに対してアメリカでは、5年に一度イソコンを実際に稼働させる実動作試験を行っていたのである。日本とアメリカにおける訓練の大きな、決定的とも言える違いだった。

スタージョンは、イソコンの実動作試験を行う際のマニュアルや、実際に試験を行った際の記録を見せながら、実動作試験の詳細を説明してくれた。イソコンの実動作試験の際には、中央制御室で原子炉の水位や温度、圧力、さらにイソコンのタンク内の水位や水温を確認するのはもちろん、実際にイソコンのタンクの側にも人を配置してタンクに設置されている水位計の確認も行い、さらに建物の外にも人を配置して、ブタの鼻から放出される蒸気の様子の目視確認を行うという。こうして運転員たちはイソコンのタンクの水がどれぐらいの時間でどのように減っていくのか、さらに、イソコンを起動したとき、そして停止したときにブタの鼻から出る蒸気の様子を実際に目にすることで知識や経験を積んでいくのだ。スタージョンは実際に装置を稼働させてみることの重要性を次のように語った。

「運転員の訓練を行う中央制御室のシミュレーター（模擬した訓練用の設備）は、中央制御室の表示が何を示しているかを知るためには、素晴らしいものです。しかし、それだけでは、実際にシステムが作動しているのかどうかはわかりません。運転員たちはシステムで何が行われているか、どのように動作しているか、それが正常に動作しているときにはどのような音がして、どのような感じがするのかを、現場で実際に稼働させて知ることで、その知識を裏付ける必要があります。装置を操作した経験がなければ、稼働を確認する実際の能力は得られません」

実機を動かさずとも運転に必要な技能は習得できると考える日本と、実際に稼働させることで経験と知識を積み重ねていたアメリカ。日米で、イソコンの操作能力に決定的な差が開いたのは必然だったといえるだろう。

失敗から学んだアメリカと学ばなかった日本

スタージョンは、ちょうどいま、運転員の訓練が行われている最中なので、よければ案内すると誘ってくれた。テロ対策のために撮影はできないが見学だけなら構わないという。ミルストン原発の敷地内に、運転員の訓練専用の施設がある。2号機用と3号機用、それぞれ、実際の中央制御室の操作パネルなどを正確に再現したシミュレーターがあるという。訓練の様子を、大きなガラス窓越しに見学できるようになっており、十数名の運転員たちが、真剣な表情で取り組んでいた。

実は、このシミュレーターにも日本とアメリカでは違いがある。アメリカでは、それぞれの原子炉の実際の中央制御室を正確に模擬した専用のシミュレーターを用意し、運転員の訓練を行うことを義務づけている。きっかけは、1979年に起きたスリーマイルアイランド原発の事故だった。運転員の判断・操作ミスが事故の一因とされているが、その根本的な原因として、実際の中央制御室とは異なるシミュレーターを使って運転員の訓練を行っていたことが問題点として指摘されたためだった。

ところが、この教訓は、日本、そして東京電力では生かされていなかった。福島第一原発1号機専用のシミュレーターはなかったのである。1号機の運転員たちが訓練を行っていたのは、主に福島第一原発4号機や、福島第二原発2号機の中央制御室を模したシミュレーターだった。いずれのシミュレーターにも、福島第一原発1号機にしか備えられていないイソコンの操作パネルはない。米国原子力発電運転協会の報告書追録は、「1号機の運転員はBWR運転訓練センターで、IC〔イソコン〕を含まない異なる設計の4号機を標準にしたシミュレーターを用いて訓練を受けていた」と指摘している。

そのうえで、1号機運転員の訓練は座学とOJT（職場で実務をさせることで行う従業員の職業教育）に大きく依存して、直流電源を喪失した時の深い知識を身につけることができない訓練内容だったと結論づけている。

福島第一原発1号機の中央制御室。東京電力が保有するシミュレーターには、1号機の中央制御室を正確に模擬した施設はなかった（写真：東京電力）

東京電力では、実務中に実際にイソコンを動作させる訓練を約40年間行わなかった。実機訓練を行わないのであれば、最低でもそれに代替する教育や訓練を用意すべきだったのではないか。イソコン操作を疑似体験できる実機を再現したシミュレーターを使った訓練、アメリカでのイソコン実機訓練へ運転員を派遣するなど、できることはあったはずだ。

「日本ではスリーマイルアイランド原発事故、ましてチェルノブイリ原発のような重大事故は決して起きることはない」という安全神話が生まれ、いつしか慢心が生まれていたのではないだろうか。

規制機関による強力指導

しかし、2章で述べたとおり、イソコンの実動作試験には放射性物質の漏洩のリスクも伴う。ミルストン原発では、いったいなぜ5年に一度という頻度で、イソコンの実動作試験を行っていたのか。スタージョンの答えは明快だった。

「NRC（米国原子力規制委員会）から実動作試験を義務付けられているからです。イソコンはECCS※（Emergency Core Cooling System）と呼ばれる非常用炉心冷却系の一つに位置付けられています。そのため、定められた期間内に、イソコンであれば5年に一度、実際に起動させ、その冷却能力を確認しなければならないのです」

短く簡潔な回答の中に、日米の違いが凝縮されていた。東京電力が福島第一原発1号機の建設の許可を得るために国に提出した申請書（原子炉設置許可申請書・1966年7月）、そして、高圧注水系を追加した申請書（原子炉設置変更許可申請書・1968年11月）において、イソコン（非常用復水器）は非常用冷却設備の筆頭に記載されている。しかし日本ではECCSの一つとは見なされなかった。そして定期的な実動作試験も、冷却能力の確認も義務付けられていなかった。いったい、いつ、どんな理由で、日米にこれほどの差が生じてしまっていたのだろうか。

取材班は、まず、NRCが本当にイソコンの実動作試験を5年に一度行うように義務付けているのか、確認することにした。調べてみると、NRCが個別具体的に一つ一つ指示

※ECCSは、アメリカでは「通常の炉心冷却系が故障した際に、炉心を冷却できるように特別に設計された炉心冷却系」と定義され、イソコンも含まれている。一方、日本では「冷却材〔冷却水〕喪失事故が発生した場合の非常用の炉心冷却系」とされ、イソコンは含まれていない

しているわけではなかった。アメリカでは原子力発電所の運転許可を得る際に、技術仕様書（Technical Specifications）を一緒に提出し、認可を受けることになっている。その技術仕様書には事業者側が定期試験に関する要件（Surveillance Requirements）を記載することになっている。ミルストン原発がＮＲＣに提出した技術仕様書には、５年に一度、イソコンの実動作試験を行い、冷却能力を確認すると記されていた。取材班は、ミルストン原発以外の、米国内の福島第一原発と同じＧＥ製ＢＷＲでイソコンのある原発についても調べてみた。すると、すべての原発で同様の規定があることが確認できた。

では、いったいいつから、どんな理由で、５年以内に一度はイソコンの実動作試験を行うことになったのか。スタージョンに尋ねると、彼がミルストン原発で働き始めた１９８３年の時点で、イソコンはＥＣＣＳの一つとされ、５年に一度の実動作試験が行われていたという。さらに遡って調べるためにはアメリカの原子力規制の歴史を紐解く必要がある。

原子力規制の歴史専門部署を持つＮＲＣ

取材班は、ＮＲＣで規制の歴史を担当しているトーマス・ウェロック教授に協力を求めた。ウェロックは、もともとセントラル・ワシントン大学の歴史学の教授だったが、２０１０年からＮＲＣに移り、規制の歴史を担当している。今回の取材で初めて知ったのだが、ＮＲＣには、規制を担当する部署とは別に、歴史専門の部署がある。原子力の規制当局がいつ、どのような情報をもとにどのような判断をしたのかをきちんと記録し、その判断は歴史的に見て、正しかったのか、足らない点があったのか、評価を行うことで、後のよりよい規制に生かすためだそうだ。ウェロックは、取材班の依頼に快くメールで回答してくれた。

「定期試験は、少なくとも１９６８年11月に公文書で規定されたと伝えられます。その文書のタイトルは『原子炉の技術仕様書のガイド』、ＮＲＣの公文書室で閲覧することができます」

ありがたいことに、アメリカでは公文書がしっかりと保存され、閲覧できる仕組みが維持されている。取材班はワシントンＤＣにあるＮＲＣの公文書館を訪ねた。ＮＲＣが発足したのは１９７５年。ウェロックが教えてくれた公文書は１９６８年のものなので、ＮＲＣが誕生する以前のものということになる。１９６８年当時は、ＡＥＣ（米国原子力委員会）が原子力規制を担っていた。こうした古い時代の文書は、マイクロフィッシュと呼ばれる小さなフィルムのようなものに極めて小さく転写されて保存されている。文書の内容を確認するためには、そのマイクロフィッシュを１枚ずつ専用の読み取り装置にセットし、読みたいページを一枚一枚、拡大して見る必要がある。

はたして、1968年11月の『原子炉の技術仕様書のガイド』には、どのようなことが書かれているのか。はやる気持ちを抑えて、一枚ずつ確認していくと、全29ページの文書の20ページに、検査規定の項目があった。

そこには、定期試験に求められる厳しい要件が記載されていた。

・安全上重要な設備、または事故の影響を防止・緩和するために必要な設備に重点をおく

・設備の性能や使用可能なことを確認するための試験や検査を行い、その頻度についても規定する

そして、このガイドの内容に準拠した例として、1967年8月3日に認可された実験用原子炉の技術仕様書が挙げられていた。そこには、原子炉の非常用冷却系について次のように記述されていた。

「非常用冷却系の機器は通常運転中には使用されていないため、非常用冷却系の適切な動作、それ故の継続的な信頼性を確保しなければならず、その機器の運転可能性を定期的に確認しなければならない。その頻度を、劣化または摩耗が重要な考慮すべき事項になるとは考えられないように選択する」

専門的な内容なのでわかりにくいが、簡単にいうと「非常用冷却系は通常運転では使わないので、なおさら、実際に装置がきちんと機能するのか、定期的に確認する必要があ

る。実機を用いた確認の頻度は、実際に稼働することによって生じる装置の劣化が問題にならない程度とする」ということだ。

では実際に、イソコンについてはどのように決められていたのか。NRCの公文書館で資料を探してみると、決定的な文書が見つかった。福島第一原発1号機とほぼ同じ時期に建設され、運転を開始したドレスデン原発2号機の技術仕様書だ。この2号機は、福島第一原発1号機と同じ、GE製BWRのマークIと呼ばれる型式で、非常用の冷却装置として、イソコンが設置されている。ドレスデン原発を運営する事業者は、2号機の技術仕様書をAECがガイドを発表する2ヵ月前に提出していた。

最初に提出された技術仕様書には、イソコンの実起動試験(熱除去能力の確認)を行うとは記載されていない。その後、事業者は何度も技術仕様書を修正し、AECとやりとりを繰り返していた。そしておよそ1年後の1969年12月22日に、事業者が提出した運転の許可申請とそれに伴う技術仕様書が、AECによって認可された。そこには、イソコンの検査のための試験項目として「5年ごとの熱除去能力の確認」が明記されていた。これ以降、イソコンを備えるほかの原発でも同様に、熱除去能力を確認するための5年ごとの起動試験が技術仕様書などに次々と盛り込まれていった。こうしてアメリカでは、5年に一度はイソコンを実際に起動する試験を行うことになったのだ。

日本の原子力の専門家の中には「アメリカにおけるイソコンの実動作試験は、事業者側が自主的に技術仕様書に記載し、行っているもので、規制当局から要求されたものではない」と主張する人もいる。しかし、前述の通り、イソコンの実動作試験が行われるようになったきっかけは、当時の規制当局（ＡＥＣ）が決定した技術仕様書のガイドであり、運転許可をめぐる規制当局と事業者の議論の中で技術仕様書に加えられたものだった。また、現在の規制当局であるＮＲＣは取材に対し、「技術仕様書は原子炉の運転許可を与える際の条件であり、規制要求である」と回答している。

なぜ、アメリカでは、１９６８年に技術仕様書のガイドが作られ、イソコンの実動作試験が規制要求されるようになるなど、規制が強化されていったのか。その背景を知る人物がいると聞き、訪ねてみることにした。ワシントンＤＣにあるＮＲＣのオフィスから、車でおよそ30分。庭園のように手入れされた緑豊かな郊外の住宅地だった。

出迎えてくれたのは、１９７９年から２０１０年まで31年にわたってＮＲＣで歴史担当の専門家を務めたサミュエル・ウォーカー博士。アメリカにおける核兵器の開発秘話や、スリーマイルアイランド原発事故の歴史書など、核や原子力関係の数多くの著書があり、アメリカで最も有名な核や原子力の歴史研究者の一人だ。原子力の規制の歴史についても年代ごとに5冊もの著書にまとめている。

ウォーカーによれば、規制当局が最初の技術仕様書のガイドを作った1960年代後半は、原発の安全対策の一つのターニングポイントだったという。アメリカでは、1960年代に入ると商業用の原発の建設計画が次々と立てられ、原子炉の大きさも急速に大規模化していった。当初、事故が起きても放射性物質を格納容器の中に閉じ込めておけると考えられていたが、1960年代半ばになると原子炉の専門家たちは、核燃料がメルトダウンし、原子炉、そして格納容器を突き破り、環境中に放射性物質が大量に放出されるような事故の可能性を心配するようになった。1967年にはAEC（米国原子力委員会）がメルトダウンした核燃料が重力に引かれて地面を溶かしてゆくという調査報告書を発表、その後、地球の中心を通り抜け、反対側の中国まで溶かしていくという「チャイナ・シンドローム」という言葉を生むことになった。こうした時代背景を受けて、様々な安全対策が考えられるようになった。その中で最も重要とされたのが、非常用炉心冷却系（ECCS）だった。さらに規制当局は、原発運転の許可申請の際に、技術仕様書の提出も求め、それらが適切かつ十分であると判断したら運用を許可することにしたという。

「技術仕様書に書かれている内容は、安全のために不可欠なものだったからこそ記載されていたのです」

アメリカでこうした議論が行われていたのと同じ時期に、アメリカからGE製BWRマークI型の原子炉を導入した東京電力、そしてその審査を行った当時の日本の規制当局は、こうしたアメリカの規制をなぜか採用しなかった。

なぜ日本では……

アメリカでは1970年代から続くイソコンの実動作試験を、なぜ日本の規制当局は電力会社に求めてこなかったのか。取材班は、原子力規制庁の幹部やその前身である旧原子力安全・保安院のOBに接触し、疑問をぶつけてみた。すると、返ってきたのは「運転中にイソコンを動かす試験なんてできないし、必要性もない」という答えだった。

イソコンを「動かす」とは、運転中の原子炉で生じた高温・高圧の蒸気を、イソコンのタンクで冷やして水に戻し、再び原子炉に入れることを意味する。これにはリスクが伴うというのだ。

原発は通常、原子炉の核分裂反応や温度・圧力が一定の状態になるよう、細心の注意を払ってコントロールされている。もし運転中の原子炉に急に冷たい水を注入すれば、温度や圧力が急激に変化し、それ自体がトラブルにつながるおそれも否定はできない。高温状態の原子炉を覆う容器が急激に冷やされると経年劣化が早まるおそれを指摘する専門家もいる。いずれも東京電力が懸念していた放射性物質の漏洩とは、また別のリスクだ。

イソコンは、原子炉と冷却タンクを結ぶループ状の配管の途中に弁（バルブ）があり、これが開きさえすれば、蒸気と水が自然に循環し原子炉を冷やせるという仕組みの装置だ。このため、停止中の簡便な試験で弁が開くことを確かめておけば、運転中に作動させなくても事足りるはずだ、というのだ。

ただそれでも、なぜアメリカの規制当局は、リスクを負ってまでも、わざわざ実動作試験を要求しているのか、という疑問が残る。それをぶつけてみると、幹部やＯＢたちは皆一様に「本当にアメリカではそんなことをやっているのか」と半信半疑の様子だった。つまり、日本では、これまでイソコンを実際に起動してみるという発想自体がなかったようなのだ。

一方で、日本の原発は、アメリカで開発された「軽水炉」というタイプの技術を導入し発展してきたし、行政による安全規制もアメリカを手本としてきた。それなのに、アメリカでは当たり前に行われているイソコンの実動作試験が、なぜ日本ではやらなくて当然とされてきたのか。それは本当に妥当だったと言えるのか。少なくとも、アメリカとの比較でやるべきか否か、議論になったことはなかったのか。そんな疑問を抱きつつ取材を続けていくと、これまで埋もれていた、ある重要な事実に行き当たった。

10年前のチャンス

取材班はJR池袋駅前の雑居ビルの地下1階にある喫茶店で、ある人物が現れるのを待っていた。店内は、商談中のサラリーマンや談笑する中年の女性客らでほぼ満席。多少騒がしいものの、互いの席の話には無関心な様子で、取材にはむしろ好都合だった。

そこに、スーツ姿で落ち着いた雰囲気の白髪の紳士が姿を見せた。待ち合わせていた経済産業省OBの平岡英治《ひらおかえいじ》だ。原子力の安全規制に長く携わり、福島第一原発事故の当時は、旧原子力安全・保安院の次長として総理大臣官邸などで対応に当たった。事故から3年後、経済産業省の官房付を最後に退官し、現在はエネルギー関連の財団法人で役員の職にある。以前、取材班が事故を検証するNHKスペシャルの「メルトダウン」シリーズの内容を書籍にまとめて出版した際、手紙で感想を寄せてくれたことをきっかけに、時折会って意見交換してきた人物だ。毎回こちらの求めに応じ、事故の原因や背景について自身の経験と知識に基づき、色々と見解を聞かせてくれた。退官後の今も事故や規制の在り方について考え続けているようだった。

この日は、アメリカにあるドレスデン原発の「技術仕様書（Technical Specifications）」を見せて、なぜ日本では長年、イソコンの実動作試験が行われてこなかったのかという疑問を投げかけた。ドレスデン原発は、全米でイソコンが設置されている5つの原発のうちの一つで、前述したように、少なくとも5年に一度、実動作試験を行うことが技術仕様書で規定されており、それを実践してきた。

平岡は開口一番、「それは知らなかった」とつぶやき、驚いた表情を見せた。しばらく手元の資料を見つめたあと、顔を上げて「今まで考えたこともなかったけど、動作試験を行うというのは、言われてみれば当然だよな」と感想を述べた。この言葉に取材班は思わず身を乗り出して言った。

「やっぱり、そう思いますよね」

実は、日本の原発にも、アメリカの技術仕様書に当たる「保安規定」と呼ばれる文書があるが、そこに実動作試験を行うという記載はない。その理由について、平岡の解説は次のようなものだった。

日本の原発では通常、13ヵ月ごとに原発を停止し、2～3ヵ月かけて設備に不具合がないかを入念に点検する「施設定期検査」が行われている。その一方で、運転中に機器の試験を行って作動状態を確かめてみるという発想は、電力会社にも規制当局にも欠落していたのではないか。

ただ、その説明でも腑《ふ》に落ちず、「原発の〝輸入元〟であるアメリカで行っているのに」と食い下がろうとした時、平岡は思いがけない事実に言及した。実は、日本でもイソコンの実動作試験の必要性に気付くチャンスが、福島第一原発事故の約10年前にあったはずだ、というのだ。

浮かび上がった疑問

それはいったい、どういうことか。時は、茨城県東海村にある民間企業ＪＣＯ※が管理していた核燃料加工施設で臨界事故が起き、作業員２人が凄《すさ》まじい量の放射線に被曝して亡くなった１９９９年に遡る。事故を受け、原子力の推進と同時に規制を担っていた旧通産省は同年に法律を改正し、原発や原子力関連施設の運転管理などのルールを定めた「保安規定」が現場できちんと順守されているかを、検査官が年４回チェックする保安検査を導入した。

そのうえで、電力各社に対し、保安規定の内容を抜本的に見直すよう求めた。保安規定は、電力会社が発電所ごとに策定し、規制当局の認可を受けるものだが、当時は極めて簡素な内容だったため、ルールとして十分でないと考えられたのだ。ＪＣＯ事故が発生したのは核燃料加工施設だったが、これを機に原発も含めて安全対策を抜本的に見直さなければ、国民の間で失われた原子力への信頼は到底回復できないという判断があったとみられる。

この時の保安規定の改定作業で、お手本とされたのがアメリカの原発の技術仕様書だっ

※JCOは現在も存続。ただし、核燃料の加工事業等からは撤退済み

た。電力各社は技術仕様書をほぼ真似る形で、トラブルや事故時に作動する安全装置の機能試験の方法や頻度などを新しい保安規定に詳しく書き込んだ。

ところが、２００１年１月に旧通産省から変更を認められた福島第一原発の保安規定を紐解いてみると、イソコンについて定例試験（サーベランス）を行うことが明記されたものの、定期検査の際にバルブの開閉などを確認するだけで、実際に装置を作動させる内容とはなっていない。

この点を指摘すると、平岡も「なぜアメリカの技術仕様書にあるイソコンの実動作試験が、保安規定の変更時に盛り込まれなかったのだろうか」と首をかしげた。少なくとも電力会社とメーカーは技術仕様書の内容を把握していたはずだ、と納得いかない様子だった。

平岡は、福島の事故を振り返って「イソコンを使った経験がなかったことが収束活動に影響したわけだから、試験をやっていたら、結果は変わっていたかも知れない。今から考えれば、２００１年の改定で実動作試験が盛り込まれなかったのは不思議だし、私も理由を知りたい」と語った。

原発事故の約10年前、日本の規制当局には、イソコンの実動作試験の導入を検討するチャンスがありながら、それを生かせなかったのではないか。新たな疑問が浮かび上がった瞬間だった。

「もう記憶にない」

取材班は早速、真相に迫るべく、当時の公開資料に当たることにした。原子力規制庁の資料閲覧室やインターネット上に保存された公文書を探っていくと、ＪＣＯ事故の翌年の２０００年８月から９月にかけて、電力各社が全国17ヵ所の原発の新しい保安規定を旧通産省にそれぞれ申請していたことがわかった。それらは数ヵ月の審査を経て修正され、翌年１月に一括して認可を受けている。

この時、福島第一原発の審査では、イソコンを巡って、どんな議論が交わされたのだろうか。取材班は、当時の事情を知っていそうな人物を探した。すると、当時、保安規定の見直しに関わった旧通産省ＯＢや原子力規制庁の現役幹部など数人の所在が分かり、それぞれ話を聞くことができた。

ところが、ここで大きな壁に突き当たってしまう。いずれの関係者も記憶が薄れ、審査の詳細は覚えていないというのだ。「アメリカの技術仕様書と読み比べて、イソコンの実動作試験を行うべきか否か、何らかの議論があったのではないか」そう問いかけても、「もう記憶にないなあ」「覚えていない」といった答えが返ってくるばかり。肝心な点は、霧に包まれたままだった。

確かに、取材時から遡れば、15年以上も前の話だし、17ヵ所もの原発の膨大な規定を一挙に審査しているので、細かい点まで覚えていないのは致し方ない面もある。しかも、国内でイソコンがあるのは、建設時期が古い福島第一原発1号機と敦賀《つるが》原発（福井県）1号機の2基だけだという点も影響した可能性がある。それ以降に建設された原発には別の冷却装置が採用されたため、イソコンは「特殊で、馴染みのない装置」だというのが、関係者の一般的な認識だったからだ。そんな事情もあって、審査でも見落とされたのだろうか。

とは言え、どうにも釈然としない。イソコンは事故やその一歩手前のトラブルの際に作動する重要な安全装置の一つだ。東京電力は、イソコンがあるアメリカの同じタイプの原発の技術仕様書を逐一参照しながら、新しい規定を検討したはずだ。審査においても最低限、日本で同様の実動作試験をやるべきか否かが、当局と東京電力との間で議論されていなければおかしい。

内部文書が語る〝深層〟

ここに至って、取材は行き詰まってしまった。証言が得られなければ、何か物証はないか。発想を変えて、物証、いわゆる〝ブツ〟探しを改めて進めてみたところ、あるルートを通じて、当時の経緯を知る手がかりを入手することができた。

「保安規定改定に係る議論について」というタイトルが付けられた旧通産省の内部文書だ。Ａ４用紙35枚に、保安規定を見直すに当たっての基本的な考え方がポイントごとにまとめられていた。

実は、旧通産省は、電力各社から提出された保安規定を審査するのと同時並行で、電力業界との間で、どのような考え方で規定を見直すべきかを議論していたのだ。会合は毎週のように開かれ、電力各社が持ち回りで都内にある本店や支社の会議室を会場として提供した。毎回、役所側から５〜６人、電力側からは総勢20人前後の担当者が参加したという。今回入手した内部文書は、２０００年の夏以降、役所と電力各社が数ヵ月間かけて議論した内容をまとめた報告書だったのだ。

ページをめくっていくと、12枚目に注目すべき記述があるのが目に飛び込んできた。最初の段落に「ＳＴＳにおいて、我が国では実施していないサーベランス（運転中の原子炉に外乱を与え得るものに限る）が数多く要求されている。しかしながら、以下の検討から、当該運転中サーベランスを保安規定に反映しないこととする」と書かれている。

行政文書に特有の難しい用語や表現が多く、分かりにくいため、少し補足する。ＳＴＳとは、ＮＲＣ（米国原子力規制委員会）が策定した「標準技術仕様書（Standard Technical Specification）」のことを指す。全米の電力各社は、これをベースに自社の発電所の技術仕様書を作成している。言わば、規制当局が示した技術仕様書のお手本だ。

また、サーベランスとは、事故時などに備えた安全設備や装置が正常に作動する状態になっているかを確かめる定例試験のことを指す。報告書で触れられている「運転中の原子炉に外乱を与え得るサーベランス」とは、運転中に行うと、原子炉の状態が不安定になりかねないような試験を指す。すなわち、実動作試験のことだ。報告書では、実動作試験のうちアメリカで実施され、日本では行われていないものの具体例として「制御棒単体の実スクラム確認、主蒸気逃がし安全弁の実動作確認等」が挙げられている。

つまり、ここには、アメリカの標準技術仕様書では日本で行われていない多くの設備を対象に運転中の実動作試験が定められているけれども、これを新しい保安規定に盛り込むことは見送ることにした、ということが書かれているのだ。

では、なぜ日本では不要だと判断したのか。その理由については、「日米の安全確保の考え方の相違」という点から説明されている。具体的には、こういうことだ。アメリカでは、運転中の定例試験を通じて、安全装置がきちんと作動することを確認している。これは裏を返すと、不具合が見つかるギリギリまで設備が使われているとも言える。これに対し、日本では、運転停止中に集中的に試験を行い、かつ分解検査まで行っているため、部品交換などを通じて故障を未然に防いでいる。

要するに、日本のやり方でも安全面でアメリカに劣らない、むしろ優れている、そう言いたいようだ。報告書の記述を借りると、日本の原発は「海外の原子力施設より高い信頼性を確保してきており、引き続きこの考え方を採り続ける限りにおいて、当該運転中サーベランスを導入する必要性はない」というのだ。

この結論に従った結果、東京電力は福島第一原発の新しい保安規定にイソコンの実動作試験を盛り込まず、旧通産省の審査でも、そのまま了承されたのではないだろうか。当時の関係者の記憶が失われているため、今となっては確かめようがないが、それが取材班の辿り着いた結論だった。

そして、何よりも重要なことは、この時の見直しの議論において、実動作試験には設備が健全であることを確かめるだけでなく、扱う人間の習熟や訓練にもなるという側面があることには、誰も思い至らなかったのではないか、という点だ。恐らく、なぜアメリカで、わざわざ実動作試験を行っているのかを深く追究することはなかったのだろう。その結果として、福島第一原発の所員らはイソコンという重要な冷却装置に対して経験不足という重いリスクを背負ったまま、あの事故を迎えてしまったのだ。

もう一つのチャンス

実は、規制当局がチャンスを逸したのは、この時だけではなかった。2章で触れたように、2010年に東京電力がイソコンの設定値を見直し、長年の〝封印〟を解いた際も、当局が関与していたからだ。

と言うのも、イソコンの設定値は保安規定に記載されているため、値を変えるには、規制当局に申請して認可を受ける必要がある。実際、この時も、東京電力は保安規定の変更を当時の原子力安全・保安院に申請し、審査を受けている。その過程で、保安院の担当者が「イソコンを真っ先に起動するよう変更するならば、ふだんから扱いに慣れておく必要がある。どうやって習熟するのか」などと質《ただ》していれば、実動作試験まで行うかは別にしても、装置に関する研修や操作訓練を充実させることにつながった可能性があるからだ。

取材班は、この時、一体どんな審査が行われたのかを知りたいと考え、原子力規制庁に対し、旧保安院から引き継いだ資料の情報公開を請求した。すると、約1ヵ月後、開示決定の通知が届き、当時、東京電力が提出していた申請書と、役所側が作成した審査の関係資料を手に入れることができた。

封を開け、文書に目を通すと、その内容は我々の期待を大きく裏切ると同時に、ある意味で驚くべきものだった。まず全体で10ページからなる申請書には、原子炉を自動で緊急停止する際の設定値を従来の72・7気圧から70・7気圧に引き下げると同時に、イソコンを起動する設定値を同じ72・7気圧から71・3気圧に引き下げることが記載されていた。ところが、なぜ変更するのかという理由の説明は、わずか3行だけ。しかも、原子炉圧力が異常に上昇した時に、SR弁が開くよりも原子炉が緊急停止することを優先させるためだという説明しかなく、なぜイソコンの設定値を引き下げるのかについては理由が一切書かれていない。

首をかしげつつ、審査資料の方に目を通すと、こちらも6ページしかなく、内容がスカスカだった。審査担当者が上司に認可の了承を求めた起案書や、関係法令の抜粋などを除くと、審査の中身について書かれているのは、わずか1ページ半。しかも、ほとんどは、前年のトラブルをきっかけにSR弁の作動と原子炉の緊急停止の順序を見直すことを説明する記述だった。

一方、イソコンに関する記述は、わずか2行のみ。「本件の概要」という欄に、「非常用復水器〔イソコン〕系の設定値についても、上記と同様に原子炉スクラム〔緊急停止〕を優先するよう安全保護系設定値の変更を行う」という記述だけだ。これは、緊急停止が優先するようイソコンの設定圧を下げる、という意味だ。

しかし、そもそも、この説明はおかしい。当時は、緊急停止もイソコンも、作動設定値はいずれも同じ72・7気圧だったからだ。緊急停止の値さえ下げておけば、イソコンより先に作動するようになる。わざわざイソコンの値をいじる必要はないのだ。

その上、旧保安院が変更を妥当だと判断した根拠がほとんど示されていなかった。「審査結果」という欄に、「保安規定の認可の際の審査に当たって確認すべき事項の内容は満足していることから、（中略）災害の防止上十分でないものと認められないため、認可して差し支えない」という記述が唯一あったが、確認すべき事項が何で、それをどのように満足していたのかが書かれていない。これでは、妥当だと判断した理由の説明になっていないのは明らかだ。

もう一つ、気になる点があった。申請書と審査資料のいずれを読んでも、イソコンとSR弁の関係が全く見えてこないことだ。2章で触れたようにイソコンの設定圧を下げることで、SR弁より先に作動するよう順序を逆転させることがもう一つの変更の目的のはずなのに、そうと分かる記載が一切ない。申請書にはSR弁の値が載っていないため、審査官が自らイソコンとSR弁の優先順位がどうなっているのかについて問題意識を持って調べなければ、分からないような書きぶりになっていた。当然、審査官は審査に当たって東京電力からヒアリングを行ったはずだが、その際、イソコンとSR弁の作動の順序を逆にしたいという説明がなければ、気付かなかった可能性もある。

深まる疑念

もしかしたら、旧保安院の担当者は、設定の変更がイソコンを長年の〝封印〟から解き放つことになるという重要な事実を認識しないまま、認可を下ろしていたのではないか。真相を確かめるため、当事者への取材を試みることにした。

認可の起案書には、作成した旧保安院の原子力発電検査課の担当職員の名前が記されていたほか、決裁した約10名の上司らの印影やサインがあった。このうち、まず担当職員を探したところ、現在は経済産業省の中国地方の出先機関にいることが分かった。現地に足を運んで接触するべきか迷ったが、まず感触を得ようと、思い切って電話をしてみることにした。幸い、相手はすぐにつかまり、「6年前の審査のことで参考に話を伺いたい」と伝えると、「内容によりますけど……」と戸惑った様子ながらも取材に応じてくれた。

ところが、記憶を呼び覚ますため、申請内容を詳しく説明したものの、案件自体があまり記憶にない様子。イソコンとSR弁の設定値が逆転することを認識していたのかと質問を重ねてみたが、「正直に言って、イソコンの設定値を変更するという申請があったという記憶自体が全くないです」と、申し訳なさそうに話すだけだった。

本当に記憶が薄れただけなのだろうか。もしかしてと思い、大学での専攻を尋ねると、案の定、工学部出身だが原子力は全くの専門外で、入省後に原子力に関わったのは旧保安院に在籍した2年間だけだと言う。「審査では基準に沿って問題がないことを確認したはずだ」と言うが、果たして、どこまで技術的なことを理解できていたのだろうか。

こうなったら、担当課の責任者に当たるしかない。幸い、当時の課長は現在、原子力規制庁の幹部に昇進し面識があったため、すぐにアポイントを取ることができた。

執務室を訪ねて2人きりで向き合うと、挨拶もそこそこに、資料を見せて本題を切り出した。

「私の印鑑が押してある……これは知らないとは言えない話だな」幹部はそう言って、少し苦笑いを見せた。相手の記憶を呼び覚ますため、まず前年のトラブルから紐解いて申請の内容を説明していった。幹部は必死に思い出そうとしているのか、資料を目で追いながら聞いていたが、途中で「そんなことあったっけ……。本当は知っていなくてはならないのだけど、恥ずかしながら、もう忘れてしまっていて……」と、戸惑った顔をした。

やはり覚えていないのだろうか。不安が頭をよぎったが、それでも核心に入ることにした。「実は、この時、原子炉の緊急停止をSR弁の作動よりも優先させる以外に、もう一つの変更があって、同じ申請書の中に……」と言いかけたところで、幹部が突然「IC［イソコン］があった」と声を上げた。資料の記述に気付いたようだ。

さらに、イソコンがSR弁より先に起動するよう優先順位を逆転させる変更だったことを説明すると、「本来そういう順番だよな」と応じた。やはり、原子力畑が長いだけあり、技術的なことを分かっているようだと手応えを感じ、質問を続けた。

「ある意味、あるべき姿になったのかも知れませんが、それならば、この時の審査で『なぜ従来、SR弁が優先される設定になっていたのか』とか、『なぜ今になって逆転させるのか』ということは議論にならなかったのでしょうか？」

幹部は困ったような表情をして「う〜ん、議論になったのかも知れないけど、結果は当然こうなるよね。当然のことだから、何の疑問も持たずに判子を押したんだろうな。これをよく読んだら思い出せるかな……」と言い、資料を無言で数分間見つめた。そして、再び口を開いた。

「そうだった。当時は、むしろ発端となったトラブルの対処のほうに気が回っていたような気がする。それで、併せて緊急停止とSR弁の起動の順番がおかしかったので直しますと言われて、当然だろうという感じで恐らく判子を押したのだと思う。一方で、なぜイソコンとSR弁の優先順位が従来、おかしな設定になっていたのかという疑問については、思い至らなかったのではないだろうか。いずれにしろ、申し訳ないが、当時の詳しい記憶は甦《よみがえ》ってこない」

どうやら、予想した通り、当時の規制当局は、設定変更が40年近く稼働することのなかったイソコンの〝封印〟を解く重大なものであったことに気付かないまま認可を下ろしてしまった可能性が高いようだ。その結果、イソコンへの習熟を東京電力に促す大きなチャンスを逃してしまったのだ。

〝経験〟の重要性という気付き

この幹部には、なぜ日本では長年イソコンの実動作試験を行うという発想にならなかったのかについても、見解を問うてみた。すると、イソコンは普段使わない装置なので部品の摩耗や劣化の心配が少ないことや、配管の途中の弁さえ開けば冷却機能が働くことから、弁の開閉テストだけで十分だと考えられていたのだろう、という答えが返ってきた。ここまでは他の関係者と同じだが、幹部はさらに言葉を続け、次のような興味深い見解を聞かせてくれた。

「ただ、設備のメンテナンスとして機能をチェックするには、それで十分だと思うが、もう一つ大事なのは〝運転経験〟という側面だ。つまり、イソコンを実際に動かすと、どんな状態になるのかを経験したことがなかった。今回の事故で問題となったのは、作動しているかどうか自体を正しく把握できなかったことだ。

その意味で、単に設備の機能や健全性を維持し確認するだけでなく、運転員の経験という観点からアメリカのような試験をやるというのはありかも知れない。それは何もイソコンだけに限らない。他にも同様に運転停止時に弁の開閉試験などを行うだけの機器は多いからね」

〝運転経験〟。まさにイソコンの実動作試験を行っているアメリカの電力会社の担当者が語っていたことと同じだった。実動作試験には、設備に不具合がないかを確認するだけでなく、作動時の状態や能力を肌で知ることができるという利点があり、それが危機に陥り、いざという時に役立つ。日本の規制関係者も、その大切さに原発事故を経験して気付いたというのだ。

「検討したい」

日本でも、アメリカとの比較でイソコンの実動作試験の必要性を検討するチャンスがあったのではないか。ここまでの取材では記憶の〝壁〟に阻まれ、謎を完全に解明するには至らなかったが、様々な理由からためらい、踏み切れなかったことが窺えた。

そうなると、問題はむしろ、今後どうしていくかである。日本では、2基の原発にイソコンが設置されていたが、このうち福島第一原発1号機は事故で廃炉となり、もう一つの敦賀原発1号機も運転期間を40年に制限する制度が導入されたのに伴い、すでに廃炉が決まっている。イソコンに関して実動作試験を行うべきか否かという議論にはもはや意味はない。ただ、他にも実動作試験を検討すべき設備があるのではないか、という問題は残されている。

川内《せんだい》原発（鹿児島県）や伊方《いかた》原発（愛媛県）をはじめ、各地で原発が再稼働し始める中で、現在の規制当局である原子力規制委員会が、この福島第一原発の事故で得られたイソコンの教訓から何を学び取り、どう生かそうとしているのかを問わなければならない。取材班はそう考え、２０１７年2月半ば、アメリカの実情など取材で判明した事実と、それに基づく疑問点を質問書にまとめ、規制委員会に提出した。

締め切りとしたのは2週間後の2月末。しかし、期限が近づいても音沙汰がない。焦《じ》れて、事務局である原子力規制庁の広報室に何度か問い合わせると、「過去の経緯を調べるのに苦労している」「今後の考え方について議論が白熱している」として、回答作りが難航している様子が伝わってきた。結局、締め切りを過ぎ、やきもきしていた3月初め、待ちに待った回答書が添付された電子メールが取材班の元に届いた。

回答書は、Ａ4用紙で5枚。委員会として正式に答えようとすると、委員5人による検討や手続きに時間がかかるとして、事務局の原子力規制庁が回答する形になった。広報室によると、「重要な論点なので、可能な範囲で将来の方向性だけでも示そうということになり、幹部が集まって議論した」という。

まず、2000年に保安規定を見直す際の審査で、アメリカの原発の技術仕様書を参照し、日本でもイソコンの実動作試験を行うべきかどうかが議論にならなかったのかなど、過去の経緯を尋ねた質問については、「当時どのような議論が行われたかについて、内容等を示した文書は確認できず、お答えできません」ということだった。これは取材結果と同じで、ある意味、予想の範囲内だった。

最も重要なのは、「現在、運転中に実動作試験を行っていない安全系の機器について、福島第一原発事故のイソコンをめぐる経験を踏まえて、今後、日本でも実動作試験を要求することを検討する考えはありますか？　理由と共に、お聞かせ下さい」という最後の問いだ。これには、次のような答えが示された。

「原子炉の温度・圧力等について過渡的な変化を伴う実動作試験の実施に当たっては、慎重な検討が必要となります。ご指摘のとおり、米国においては、主蒸気逃がし安全弁などについて運転中の実動作試験を行っており、原子力規制庁として、前述したリスクも踏まえながら、調査・検討したいと考えています」

少し回りくどい言い方で分かりづらいため、広報室長の金城慎司《きんじょうしんじ》に補足で話を聞くと、実動作試験は一定のリスクを伴うため、軽々に「日本でもやる」とは言えないものの、アメリカの実情を詳しく調べて検討したい、という趣旨だった。

ここで言う「一定のリスク」とは、設備によってはイソコンと同様、運転中に実動作試験を行うと、原子炉の状態が不安定になり、トラブルにつながるおそれがあることだという。ただ、原子力の〝先輩〟であるアメリカで行われている以上、慎重を期しつつも十分検討に値するということだった。

さらに、「アメリカでやっているから、という理由以外に、原発事故の教訓は関係ないのか」と、気になっていたことを尋ねると、金城は言わずもがなだという感じで、こう答えた。

「福島第一原発事故の教訓の一つは、イソコンの作動状況を誤認してしまったことだと、我々も考えている。その意味で、運転員が機器を動かす経験をきちんと積んでいるかということが重要だ」

つまり、日本の規制当局も、あの事故を通じて、危機対応において経験不足は取り返しのつかない事態を招く重大なリスクにつながるということを痛感したのだ。だからこそ、実動作試験に消極的だった姿勢を転換し、検討に踏み出すに至ったのだろう。それは、まさに日本の規制当局が、苦い経験を経て、原発のリスクと正面から向き合おうとし始めたことを表しているようだ。

実は、原子力規制委員会は国際原子力機関（ＩＡＥＡ）の指摘を受け、原発の検査制度を見直そうとしている。すでに検査制度の見直しを柱とする原子炉等規制法の改正案を国会に提出し、２０１7年4月に可決され成立した。これから2年程度をかけて、さらに制度の詳細を詰めていくという。その際、国と電力会社それぞれが行っている現状の検査（点検、定例試験を含む）の役割分担を整理する中で、従来は行っていない機器を対象に実動作試験を採用するかどうかについても議論していくことになるだろう。金城はそうした見通しを示してくれた。

リスクと向き合う覚悟

イソコンの実動作試験をめぐる一連の取材を通じて、幾度となく考えたことがある。なぜ日米の対応に違いが生じたのか、という疑問だ。様々な関係者に同じ問いかけをしたが、誰一人として明確な答えはなく、今も判然としていないのが正直なところだ。ただ、一つ言えるのは、日本ではアメリカと違い、リスクというものと正面から向き合ってこなかったことが一因なのではないか、ということだ。

東京電力は、イソコンの配管のひび割れから微量の放射性物質が漏れ、蒸気と共に大気中に放出されてしまうというリスクを恐れ、長い間できる限り動かさないようにしてきた。また、実動作試験を行えば、原子炉の状態が不安定になってトラブルにつながる可能性があり、これに機器の故障や人為的ミスが重なれば、事故に発展するおそれも否定できないというリスクから、規制当局も特段の要求をしてこなかった。

他方、イソコンを使って対応しなければならない大きな事故が起きるリスクは軽視されてきた。本来、リスクとは科学的には、「事象の発生頻度×起きた場合の影響」だと定義される。確かに、原発で大きな事故が起きる頻度は非常に低いが、もし起きれば影響が際限なく拡大するおそれがあることは、すでに証明済みだ。しかし、福島第一原発の事故以前は、電力会社も規制当局も、大事故の確率は小さいということを言い訳にして、甚大な影響が生じるという事実から目を逸らしてきたのではないだろうか。リスクをみずからに都合良く解釈していたことが疑われる。

ところが、現実には、イソコンを日頃から使わないことにも、使うことにも、それぞれリスクを伴う。しかも、どちらも一方的に切り捨てられるほど小さなリスクではない。原発を動かすというのは、本来、そういうことなのではないか。今後も原発をエネルギー源の一つとして利用していくのであれば、複雑で分かりにくいリスクと向き合う覚悟を持ち、どうすれば全体のリスクを少しでも下げられるかを真剣に考えなければならない。それが、イソコンを巡る苦い経験から学び取るべき最大の教訓のような気がしてならない。

ようやく、経験不足というリスクと向き合い始めた日本。あの未曾有の原発事故から6年が経つ中で、イソコンをめぐる教訓は、その重みを増しながら、関係者たちに意識改革を迫り続けている。

福島住民にとっての被災6年

メルトダウン取材班はこれまで計6作のNHKスペシャルを制作してきた。番組の基本コンセプトは、福島第一原発事故を科学技術的な視点から検証する調査報道。原発推進や反対といった二律背反的な結論にならないよう、科学や技術面からの検証にこだわり、情緒的なものを極力排除してきた。こうした姿勢は、原発の利用に対して、双方の立場から一定の評価を得てきた。

一方で、取材班のメンバーには、原発事故の被害を受けた福島県民たちの肉声を伝えずにきたことに対する割り切れない思いもあった。福島第一原発の事故対応を中心に取材を進めてきたが、この間、避難生活を余儀なくされてきた住民たちとも知り合う機会に恵まれた。事故から6年が経った今、改めて感じさせられたのは、彼らの故郷への強い想いだった。

震災後、故郷への帰還を諦めた住民も少なくない。浪江《なみえ》町《まち》から東京に移住した紺野芳雄（65歳）もその一人だ。2017年4月、紺野から取材班に1通のメールが届いた。新しい自宅と仕事場ができたので、見に来ないかとのこと。新居を訪ねると、1階には施術用のソファーやマッサージ機器が所狭しと並べられていた。浪江町で接骨院を営んでいた紺野は、ここで健康管理施設を開所する準備を進めているという。

食事をともにしていると、「石棺」という文言に揺れた国の廃炉への技術的な計画、「戦略プラン2016」にも話が及んだ。紺野は、「デブリを全部取り除くなんて、莫大な金

157ページに続く➡

発から20キロ圏内の家畜について安楽死処分するよう求めてきたが、池田は一貫して拒み続けてきた。そして避難先の広野《ひろの》町《まち》から毎日、20キロの道のりを通っては、牛たちに牧草を細々と与え続けてきた。しかし、汚染が広がった土地で育った牛は、どこにも出荷できず、ただ寿命を待つだけの状態となっていた。

そこで池田は、悩んだあげく、放射線の影響を調べる獣医師たちの調査への協力を申し出たのだった。この日、解剖の対象となったのは、震災の年に生まれた3歳の雄牛だった。十分な栄養も行き届かないまま、自力で立つこともできなくなっていた牛は、うずくまったまま黒い瞳だけを獣医師たちに向けていた。やがて麻酔が首に打たれると、牛は最後の力を振り絞って「モー」とひときわ大きく鳴き、そのままわらの上に静かに横たわった。解剖はその後、2時間ほどかけて粛々と行われ、牛から採取された脳や臓器などが容器に移され、運ばれていった。屍《しかばね》を前に、池田は手を合わせながら「何で、オラの牛を、何でこの子たちを殺さなければなんないんだべ。とにかく、原発事故が憎い」と言葉を絞り出すようにつぶやいた。

2017年5月、池田の夫・光秀（55歳）が取材に応じてくれた。その後も定期的に解剖が行われ、震災前に50頭あまりいた牛は、30頭に減ってしまったという。研究への協力を続けていることについて光秀は、「大切に育ててきた牛を、また牛にとっても与えられた命を無駄にして欲しくない。せめて人類のために役立てて欲しい」と答えた。そして、「あの場所に自分の土地がある限りは、すぐにでも帰還して、再び牛たちを育てながら暮らしたい」と続けた。

155ページから続く➡

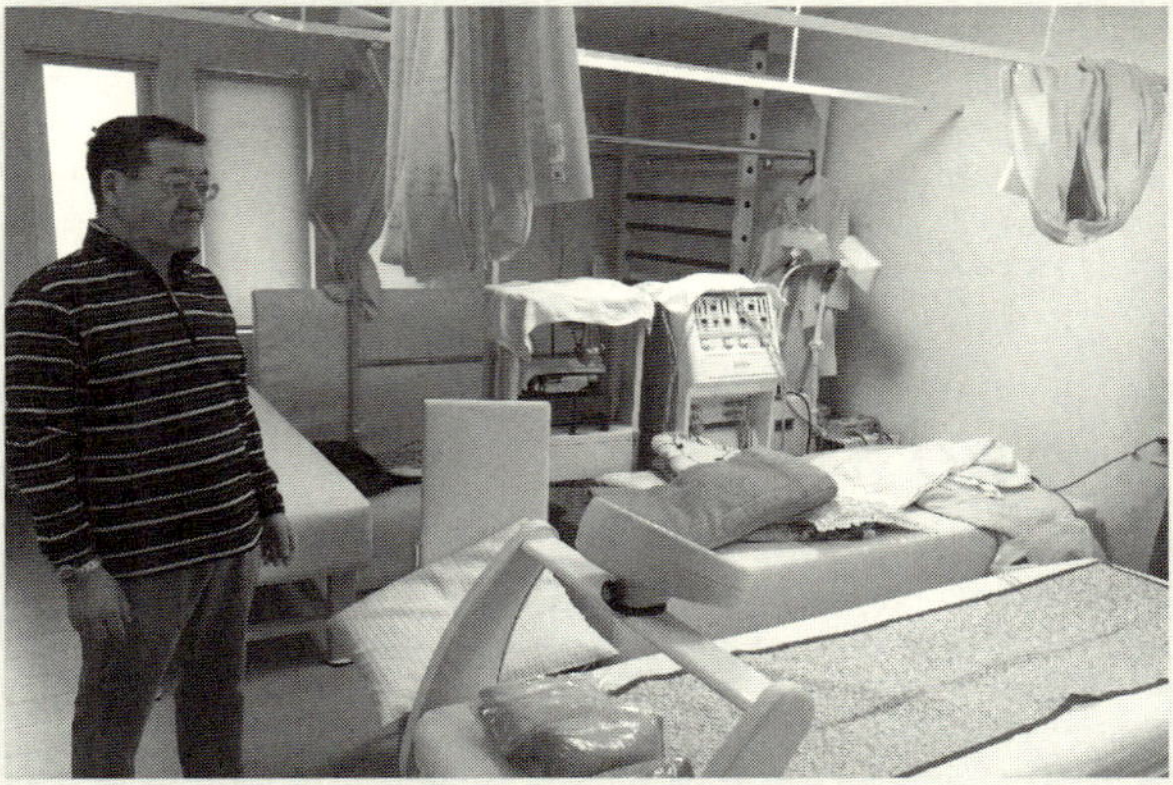

浪江町で接骨院を営んでいた紺野芳雄は、故郷で店を再建することを断念し、東京に移住することを決意した

もかかるうえに、技術的にもできっこない。何で国や東京電力は現実的な説明をしないんだ」と憤った。

そして、しばらく口を噤んだあと、静かに目頭を押さえてつぶやいた。「本音を言うと、故郷に戻りたくないという人なんていない。田舎というのは、先祖代々の家を伝承してきた場所なんだ。俺は悪いことをしたわけでもないのに、その歴史を伝承することができなかった。とにかく悔しい」と。

一方で、戻れることならすぐにでも故郷に戻りたいという住民もいる。2014年12月、取材班は、福島第一原発から5キロほどの大熊町《おおくままち》で畜産農家を営んできた池田美喜子（57歳）を訪ねた。家畜への放射線の影響を調べるため、大学の獣医師などによる牛の解剖が行われると聞いたからだ。国は事故の後、原

第４章

届かなかった海水注入

事故発生から12日間、
原子炉に届いた冷却水はほぼゼロだった

原子力関係者に衝撃を与えた1号機〝注水ゼロ〟

2016年9月7日。福岡県久留米市内のホテルはどこも珍しく満室だった。春と秋、年に2回行われる日本原子力学会の大会に参加するため、全国から原子力関係者が、久留米市に集まっていた。

学会では、原子力安全や放射性廃棄物処理、高速炉などの次世代炉開発、核燃料など様々な分野の専門家が研究成果を発表する。その時点の最新の知見が発表されることもあり、取材班にとっては、継続して取材を続ける対象の一つになっている。

会場には報道関係者の姿は多くなかった。2011年9月、事故が起きた年に開催された原子力学会の大会は福岡県北九州市で行われ、多くの在京メディアが駆けつけたが、その熱気がいまは懐かしい。

メディアの取材が少なくなる一方で、原子力関係者は会場に多く詰めかけていた。発表は専門分野ごとに分かれて、同時進行で進む。どの発表を取材するかは、事前の学会のスケジュールを見てある程度決めてあった。

取材班が注目していたプログラムの一つが、国際廃炉研究開発機構（IRID）による発表だった。テーマは「過酷事故解析コードMAAPによる炉内状況把握に関する研究」。

最新の解析コードを用いて、福島第一原発事故がどのように進展し、どこまで悪化していったのかを分析するものだ。高い放射線に阻まれて、ロボットを用いた原子炉や格納容器の内部調査で得られているデータは限定的で、現時点では事故の進展を探るには解析コードに頼らざるを得ない。一方で、事故後、解析コードの精度は年々高まっており、社会やメディアの関心は低下する一方、原子力関係者からは依然として高い注目を集めている。そのためか、午後4時過ぎから始まった発表は、14ある会場のなかで、2番目に大きな会場で行われることになった。

5年半でがらりと変わった解析結果

東京電力が初めてメルトダウンを起こしたことを公式に認めたのは、事故から2ヵ月以上経った2011年5月15日。今から見ると解析結果は楽観的といえるものだった。当時、東京電力は、解析コードMAAPを用いて1号機の炉心状態をシミュレーションし、「解析及びプラントパラメータ（原子炉圧力容器周辺温度）によれば、炉心は大幅に損傷しているが、所定の装荷位置から下に移動・落下し、大部分はその位置付近で安定的に冷却できていると考える」と結論づけた。

かみ砕いていえば「1号機はメルトダウン（炉心溶融）を起こしたものの、圧力容器の底が溶かされて燃料が容器の底を突き抜けるメルトスルーはごく限定的で、核燃料デブリは原子炉内にほとんどとどまっている」とされていたのだ。しかし、いまやそのように考えている専門家はほとんどいない。いまでは大量のメルトスルーが起きたことは、もはや専門家間で共通の認識であり、関心事は、格納容器に溶け落ちたデブリの広がりが、格納容器そのものを溶かしているかどうか、という点に移っている。

素粒子を利用し、原子炉内部をいわば透視する「ミューオン技術」を用いた調査でも、原子炉内にあった核燃料はすべて溶け落ち、原子炉内にはほとんど残っていないという結果となった。これは、その後、改良が重ねられてきたMAAPやエネルギー総合工学研究所が所有するSAMPSONといった解析コードでも同様の結果が出ていた。

今回の発表の特徴は、これまでの〝どれだけ核燃料が溶けたか〟に主眼を置いたものではなく、〝どれだけ原子炉に水が入っていたか〟という点に注目したことだ。その結果は、関係者に衝撃を与えた。

「3月23日まで1号機の原子炉に対して冷却に寄与する注水は、ほぼゼロだった」

事故当時に計測された、1号機の原子炉や格納容器の圧力に関するパラメーターを解析によって再現するためには、原子炉内への注水量を〝ほぼゼロ〟に設定しないと再現ができないことから、結論づけられたものだ。

東京電力は1号機の注水量が十分でないことに気づき、注水ルートを変更したのが事故発生から12日経った3月23日のことだ。それまでは、1号機の原子炉冷却に寄与する注水はほぼゼロだったというのだ。

会場はざわついていた。詰めかけた関係者の中で、最初に質問したのは全国の電力会社の原子力分野の安全対策を監視・指導する立場にある原子力安全推進協会（JANSI）の幹部だ。「事故から5年以上たって、初めて聞いた話だ。いまだにこんな話が出てくるなんて……」発言には明らかに不満が込められていた。事故から5年以上経過しても次々と出てくる新たな事実。最新の解析結果の発表は事故の真相の検証はいまだ道半ばであることを物語っていた。

1号機の海水注入騒動の顚末

吉田昌郎所長の事故対応をめぐって、繰り返し語られるのが、1号機への海水注入についての判断である。官邸サイドから中断の要請を受けながらも、命令を無視し、注水を継続したその判断は〝英断〟と評されてきた。

騒動が起きたのは、事故発生から2日目を迎える3月12日。午後3時36分に1号機が水素爆発した後、吉田たちは、全力をあげて海水注入の準備を進めていた。高い線量の瓦礫が散乱するなか、自衛消防隊を中心に協力企業の応援を得て、津波によって海水がたまっていた3号機のタービン建屋の海側にある逆洗弁ピットを給水源として、1号機との間に、所内の消防車と自衛隊の消防車2台の計3台を配置、消防ホースを長々と敷設する作業を進めて、ようやく注水ラインを作り上げた。

同じ頃、事故対応の最高指令本部・総理大臣官邸では、1号機に対し海水による原子炉への注水を行う是非についての議論が行われていた。中心となったのは、総理大臣の菅直人、原子力安全委員長の班目春樹《まだらめはるき》、そして東京電力を代表して官邸対応を担っていた武《たけ》黒一郎《くろいちろう》フェロー（元原子力部門副社長）の3名。しばしば、菅が再臨界を恐れ、海水注入を止めさせたと語られる局面である。

当時、どのような議論が行われていたのか。事故後の2011年5月、専門家として議論に参加していた班目にロングインタビューをする機会があった。

班目は取材に対し、こう答えている。

「海水を入れたら、原子炉に塩がどんどんたまってしまい、冷えにくくなり、圧力容器の腐食という事態も出てくる。〔東京電力から〕『海水を入れるしかない』と言われて、『う

消防注水の訓練をする福島第一原発所員。しかし、原子炉に届かない「抜け道」があれば、期待される効果は望めない（©東京電力）

っ！』と思ったんですけれども、でも海水しかなければ海水を入れるべきだと言っていると思います」

班目はもともと事故が発生したときに核燃料を冷やす際の、熱の挙動を分析する〝熱流動〟分野の専門家だ。班目が懸念したのは、海水注入によって塩分が原子炉内にたまることで核燃料の冷却に悪影響を及ぼすことだった。

一方、海水注入に伴う再臨界の可能性については「臨界、再臨界はあり得ないんですよ。むしろ海水より真水を入れたほうが臨界する可能性が高い。ただ、真水を入れたって臨界の可能性は極めて低い。ましてや不純物の多い海水を入れたから、臨界、再臨界を起こすなんて、私が言うはずがない。そこまで私は無知じゃない」と確信を持って答えていた。

一方、菅も政府事故調の聞き取りに対し、「再臨界の懸念」については「海水〔注水〕と再臨界の問題は考え方は全然別」と答えている。

「入れる水〔真水〕であっても海水であっても、ホウ酸か何かを入れれば再臨界の可能性は止められるわけですから」

そして海水注入には1時間半あるいは2時間、準備に時間がかかると東京電力から説明を受け、「その時間があるなら、例えばホウ酸を数回入れられるのか、とりあえずは海水を入れておいた後に入れるのか、その必要はないのかということの判断をしてくれという趣旨だった」と述べ、〝海水注入にあたっては再臨界の可能性の有無を検討すべし〟と指示はしていないと述べている。

しかし、武黒ら東京電力の幹部の受け止めは異なっていた。「海水注入について総理の了解が得られていない」と武黒は菅の意向を受け止め、官邸から福島第一原発の吉田に電話を入れたのだ。

取材班が入手した未公開の国会事故調による調書によると、吉田は、海水注入を巡る、武黒との緊迫のやりとりを詳細に語っている。

武黒「おまえ、海水注入は」

吉田「やってますよ」

海水注入開始に際し、菅直人総理大臣の了解が得られていないとして、吉田昌郎所長に海水注入停止を働きかけた武黒一郎フェロー（©NHK）

武黒「えっ！」
吉田「もう始まってますから」
武黒「おいおい、やってんのか？　止めろ」
吉田「何でですか？」
武黒「おまえ、うるせえ。官邸が、もうグジグジ言ってんだよ！」
吉田「何言ってんですか」
吉田は武黒に反駁《はんばく》したが、電話は一方的に切られたという。水素爆発後、高い放射線量の中、自衛消防隊や協力企業の作業員らが被曝を伴いながら2時間近くかけて準備を行い、ようやく1号機の原子炉への注水を開始した直後の出来事である。
武黒からの海水注入中止の依頼。政府の原子力災害対策本部の最高責任者である総理の意向と聞いては、表向きは了解しないわけにはいかない。

ここで吉田は、とっさに一芝居打った。消防注水を担当していた部下の防災班長を傍らに呼び、小声で「中止命令はするけれども、絶対に中止してはダメだ」という指示をした後、本店には〝海水注入を中断する〟という報告をテレビ会議を通じて行った。

防災班長は吉田の指示に従い、密かに注水を続けた。この一連の1号機への海水注入を巡るやりとりが、吉田が官邸や東電本店の意向に逆らい海水注入を継続、結果として1号機の事態の悪化を食い止めた、と英雄視されている場面である。

現場の指揮官としての吉田の判断は極めて的確で、誰からも称えられてしかるべきであろう。しかし、原子力学会でＩＲＩＤが発表した最新の解析では、実際にこのとき行った注水のうち原子炉に届いていた量は〝ほぼゼロ〟だったという。

吉田の〝英断〟は1号機の冷却にほとんど寄与していなかった。

海水はどこに消えたのか？

事故発生からの12日間、1号機の原子炉には水がほぼ入っていないという重い事実。消防車によって大量に注入された海水はどこに消えたのだろうか。また、この重大な事実に、原子力関係者ですら、事故後5年以上も気づかなかったのはなぜだろうか。

実は、全電源喪失によって、唯一の冷却手段となった消防注水が原子炉冷却にどれだけ貢献したのか、国では、これまで十分な検証を行ってこなかった。

国費を投じ、多くの専門家を集めて行われたはずだった公的な二つの事故調査委員会。政府事故調査委員会、国会事故調査委員会においても、消防注水の有効性についてはほとんど議論されていない。

２０１１年5月24日の閣議決定によって発足した政府事故調。検察官などを事務局員とし、関係者７７２名に聴取を実施、総聴取時間は１４７９時間にのぼるなど緻密な調査を実施した。

実は、２０１１年7月29日、Ｊヴィレッジ（福島県楢葉町《ならはまち》・広野町《ひろのまち》）で行われた吉田所長への2回目の聞き取りの中で、吉田自らが消防注水の有効性に疑義を呈していた。

「とにかくＦＰ〔消火〕系というのは、ご存じのように消火系配管ですから、中でいろいろ分岐しているんです。（中略）どうしてもバイパスフロー〔他の配管に水が流れること〕が出てくる可能性があって、そうすると、入っている水が全部炉に入っているかどうかわかりません」

吉田のこうした証言がありながら、調査委員会は、海水注入の有効性にはついぞ疑念を抱くことはなかった。政府事故調が1号機への海水注入を巡る問題で重きを置いていたのは、事故の進展を科学的に分析することではなく、海水注入に関する意思決定のあり方だったのだ。

その後、2011年12月8日に発足した国会事故調は、東京電力の会長や社長をはじめとする現役の経営幹部や、首相官邸での政府対応の責任者でもあった元副社長の武黒に、1号機への海水注入を巡る事故対応について質疑を行っている。

しかし、1号機の原子炉に実際どれくらい水が入っていたかを検証するための、技術的な質疑は皆無だった。事故対応の当事者たちに投げかけられた質問で共通するのは、3月12日の水素爆発後に海水注入を開始する際に、福島第一原発で事故対応にあたった吉田をはじめとする東電技術者たちの判断と官邸サイドの意思に乖離《かいり》はあったのかどうか、そして官邸や東電本店の意向は現場にどのように伝えられたかという論点だった。

実は、国会事故調が発足した段階で、1号機の原子炉への注水量が不十分になっていたことを類推することは可能だった。消防注水が有効に機能しなかったことは、事故の進展からも窺えた。事故発生から10日目を迎えた2011年3月20日、1号機の計器がようやく復旧し、原子炉の温度を測定することが初めて可能になった。

東京電力が1号機で原子炉の温度を測定したところ、400度を超える高温であることが判明。注水が十分に原子炉に届いていないと気づいた現場は、急遽注水のルートを大き

＜参考＞ AM盤⇒消防ポンプ流量計の指示値等※

年月日	福島第一原子力発電所　1号機			
	注水量(1日あたり)	累積(海水)	累積(淡水)	
平成23年3月17日	約　294 kL　(海水)	約　1,158 kL		
平成23年3月18日	約　475 kL　(海水)	約　1,633 kL		
平成23年3月19日	約　475 kL　(海水)	約　2,109 kL		
平成23年3月20日	約　1,020 kL　(海水)	約　3,129 kL		⇦ 流量調整
平成23年3月21日	約　1,317 kL　(海水)	約　4,446 kL		⇦ ポンプ2台化
平成23年3月22日	約　1,593 kL　(海水)	約　6,039 kL		
平成23年3月23日	約　799 kL　(海水)	約　6,839 kL		⇦ 流量調整（給水系へ切替）
平成23年3月24日	約　226 kL　(海水)	約　7,065 kL		⇦ 流量調整

福島原子力発電所1号機～3号機における炉内への注水量＜

年月日	福島第一原子		
	注水量(1日あたり)		淡水)
平成23年3月17日	約　294 kL　(海水)	約 [illegible]	
平成23年3月18日	約　475 kL　(海水)	約 [illegible]	
平成23年3月19日	約　449 kL　(海水)	約　2,082 kL	
平成23年3月20日	約　48 kL　(海水)	約　2,130 kL	
平成23年3月21日	約　38 kL　(海水)	約　2,167 kL	
平成23年3月22日	約　42 kL　(海水)	約　2,209 kL	
平成23年3月23日	約　301 kL　(海水)	約　2,510 kL	
平成23年3月24日	約　226 kL　(海水)	約　2,736 kL	
平成23年3月25日	約　106 kL　(海水)	約　2,842 kL	
	約　60 kL　(淡水)		約　60 kl
平成23年3月26日	約　173 kL　(淡水)		約　233 kl
*合計は5月15日迄の値	合計	約　11,183 kL	

2つの値に大幅な
乖離がある

上が消防車から注水のためにポンプが排出した吐出流量、下が、原子炉近くに設置された流量計が記録した注水量。両者には大幅な乖離がある（資料：東京電力）

く変更するための検討を開始。そして事故発生から13日目の3月23日に注水方法を変更したことでようやく原子炉の温度が下がり始めた。1号機原子炉への注水は有効に機能しなかったことが窺えるデータだった。

これを裏付ける資料も公表されていた。2011年9月9日に公表された「福島第一原子力発電所1～3号機　原子炉注入流量について」と題された資料である。1号機の部分を見ると、不可解な数値が記録されている。消防車のポンプの吐出流量と実際に原子炉に注ぎ込まれた注水量に乖離が生じているのだ。171ページの図は、3月19日から3月23日までの5日間の1号機の、消防ポンプ流量計が記録した吐出流量と原子炉近くに設置された流量計が記録した注水量である。消防車側からの吐出流量は19日から日ごとに475トン、1020トン、1317トン、1593トン、799トンと大量の水が注ぎ込まれていた。これらの水がすべて原子炉に入っていれば核燃料を十分に冷やすことが可能な流量だった。一方、中央制御室で計測された流量は19日から449トン、48トン、38トン、42トン、301トンと、消防車からの吐出流量と比較すると、原子炉の近くでの流量が激減していることが分かる。

原子力に関する技術的な調査能力を持つ専門家なら、この数値を見ただけで「1号機に水が十分に入っていない」可能性に気づいていたはずだ。

しかし、〝専門家〟を集めたはずの国会事故調は、政府事故調と同様に、消防注水の有効性を微塵も疑わなかった。

結局、吉田の海水注入継続という〝英断〟を重視した国会事故調の最終報告書では、「政府の意思決定の混乱と、これを受けた武黒フェローによる海水注入見合わせについての指示は、海水注入の結果に対して何ら意味を持つものではなかった」と結論づけている。

しかし、事故進展の観点から考察すると、「何ら意味を持つものではなかった」という言葉は、「1号機への海水注入は、3月23日に注水ルートを変更し、原子炉に十分に水が届くようになるまで、何ら意味を持つものではなかった」という事実のために使われるべきであろう。

事故発生から2年　浮かび上がった消防注水の「抜け道」

福島第一原発事故対応の〝切り札〟とされた消防車による外部からの注水。それが原子炉へ向かう途中で抜け道があり、十分に届いていなかった。その可能性を最初に社会に示したのは、取材班だった。

取材班は2011年の事故発生直後から消防車による注水にいくつかの疑問を持っていた。2011年9月9日に発表された消防車からの吐出流量と原子炉近傍の流量が異なるという矛盾。さらに、本来空っぽであるはずの3号機の復水器が満水であるという東京電力からの不可思議な発表。

本当に消防車による注水は原子炉に十分に届いていたのか。本格的な検証を始めたのは2012年秋頃からだった。当時、後に公表される〝吉田調書〟はまだ未公開だった。取材班は、事故当時に公開されていたテレビ会議を詳細に読み解くことを試みる。

すると3号機への海水注入が始まった後の3月14日午前3時36分、原子力部門の最高責任者で副社長だった武藤栄《むとうさかえ》と吉田が、3号機の消防注水の有効性を疑う会話を交わしてい

取材班は、武藤栄副社長と吉田昌郎所長の、海水注入を巡る不可解な会話に注目した（©NHK）

たことがわかった。

武藤「400t近くもうぶち込んでいるってことかな?」

吉田「ええ、まぁ途中で1時間位止まってますから」

武藤「ということは、あれだな、ベッセル〔原子炉圧力容器〕、満水になってもいいくらいの量入れてるってことだね」

吉田「そうなんですよ」

武藤「ちゅうことは何なの。何が起きてんだ。その溢水《いっすい》していることか、どっかから」

吉田「うん、だからこれやっぱ、1号機と同じように炉水位が上がってませんから、注入してもね。ということは、どっかでバイパスフローがある可能性が高いということ

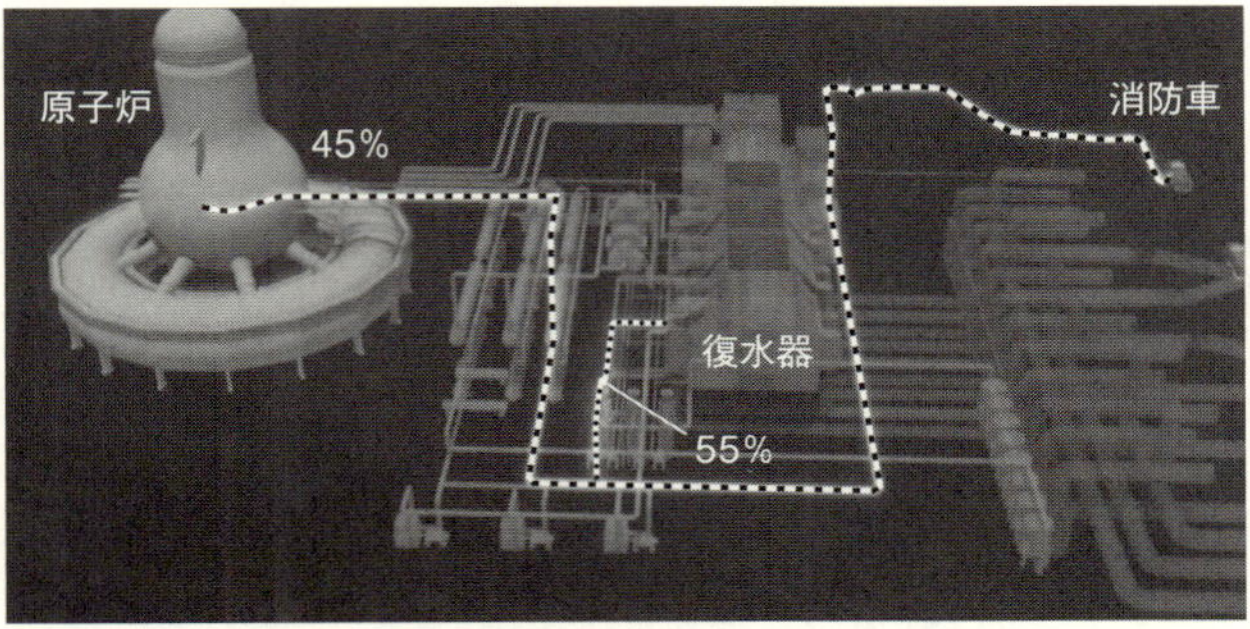

3号機では、消防車による注水量の55％が復水器、45％が原子炉に流れ込んだ。SAMPSONのシミュレーションによれば、消防注水のうち75％の水が原子炉に入っていれば、メルトダウンを防げた可能性があった（©NHK）

ですね」

武藤「バイパスフローって、どっか横抜けてってるってこと？」

吉田「そう、そう、そう、そう、そう。うん」

では、消防注水の抜け道は、どこにどのようなメカニズムで生じるのか。そして原子炉に届く水の量はどの程度なのか。取材班は独自に入手した3号機の配管計装線図（P&ID）という図面をもとに専門家や原発メーカーOBと徹底的に分析した。すると、消防車から原子炉につながる1本のルートに注水の抜け道が浮かび上がった。その先には、満水だった復水器があった。

前著『福島第一原発事故 7つの謎』でこの問題を論じたので、本書では詳細な説明は省略するが、この抜け道には、復水器から冷却水を原

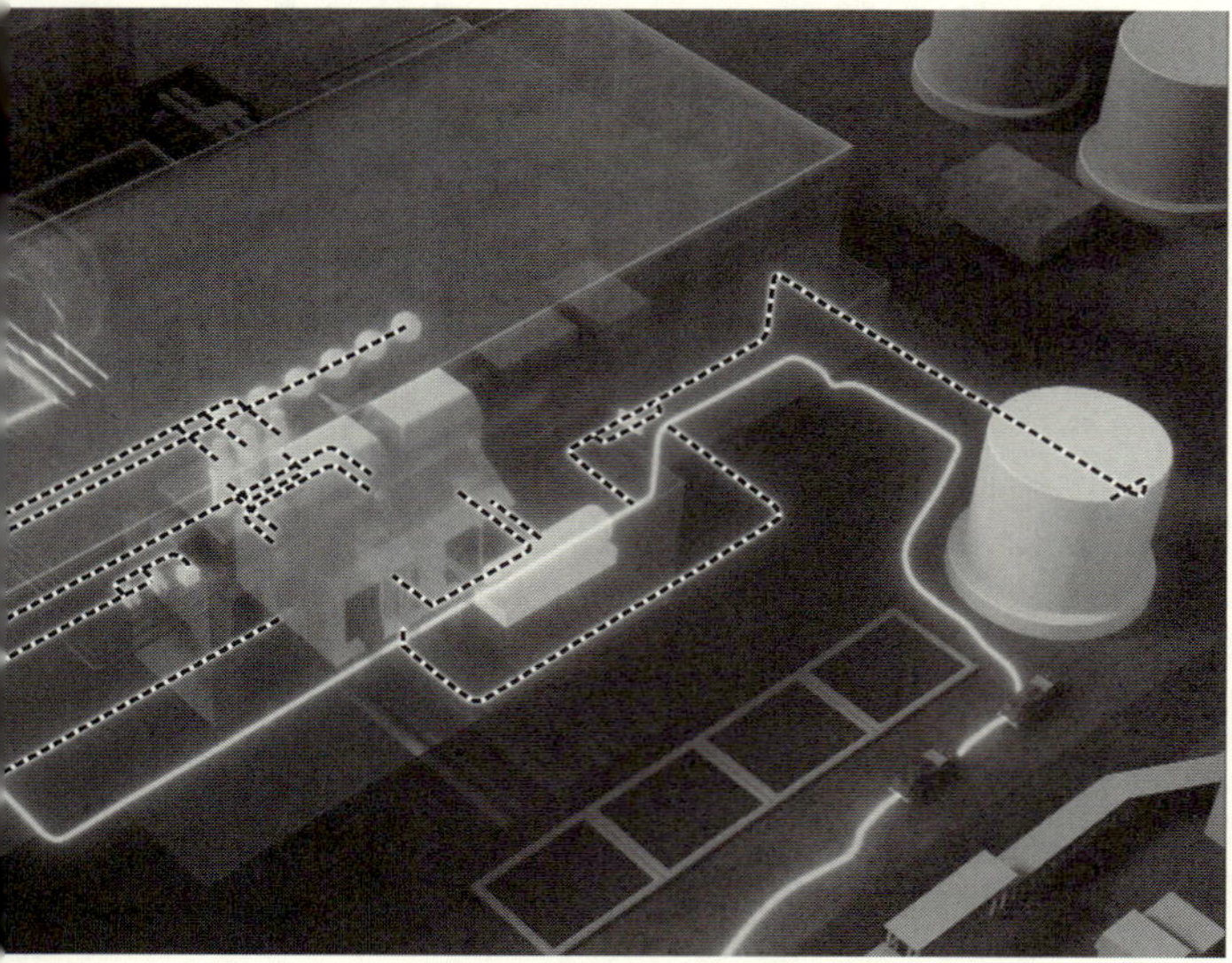

子炉に送り込むための「低圧復水ポンプ」がある。このポンプが電源喪失により動かなくなったことで、ポンプに流れ込む水の流れを封じ込める「封水」という仕組みが働かなくなり、原子炉へ注ぎ込まれる海水が、復水器に向かう配管に横抜けしてしまったのだ（180ページの図参照）。

検証を続けていた東京電力

実は、こうした〝抜け道〟は3号機だけではなく、1号機にも存在していた。しかもその漏洩量は、3号機をはるかに上回るものだった。

消防注水の「抜け道」については、他ならぬ事故の当事者である東

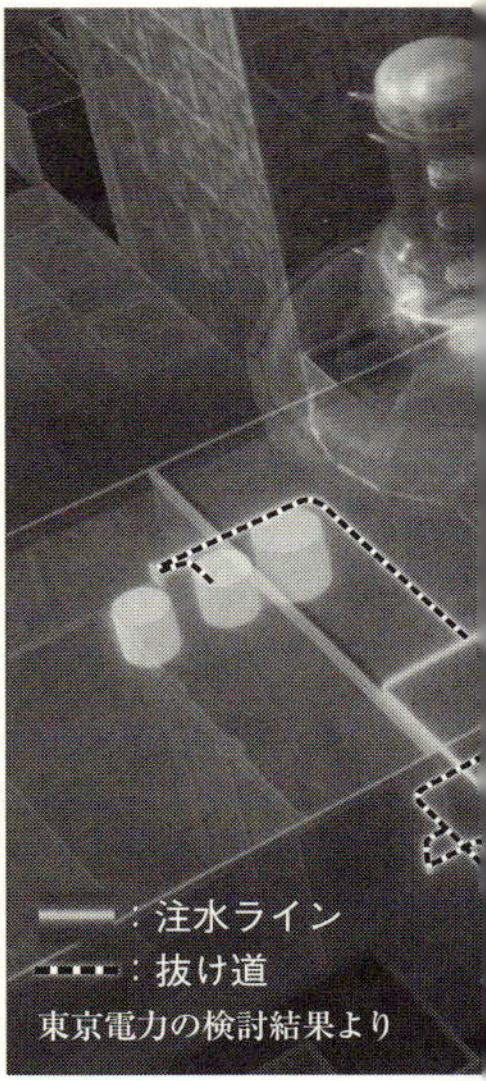

1号機の注水ラインと「抜け道」。東京電力によれば、「抜け道」は10本に及び、注水は2011年3月23日まではほとんど原子炉には届いていなかった（ⒸNHK）

京電力もかなり早い段階から認識しており、柏崎刈羽原発の再稼働に向けて対策を進めていた。消防注水は事故対応において、原子炉を救うことができるか、あるいはメルトダウンに陥るのか、を左右する極めて重要なオペレーションである。この問題を放置できないのは当然だ。

一方、注水の「抜け道」という弱点に東京電力が気づいているのであれば、他の電力事業者や世界の原子力関係者にいち早くこの情報を公開し、問題意識を共有すべきではないのか。

２０１３年１月、取材班は、ある電力会社で安全対策を統括する人物と、事故対応の際の消防注水への信頼性について、意見交換をした。取材班が福島第一原発の消防注水を行った際の抜け道が存在する可能性に言及すると、その人物は「えっ！」と驚きの反応を見せた。

安全対策を担う他社の幹部ですら、事故から2年近くが経過した時期になっても、消防注水の致命的な弱点を知らなかったのである。原子力学会で原子力安全推進協会の幹部が1号機の〝注水ゼロ〟に驚きを隠さなかったこととといわば同じ状況だった。

２０１３年12月になって、東京電力は事故の教訓を広く共有するため、技術的な分析「未解明事項」を発表した。報告によると、1号機には10本、2号機・3号機にはそれぞれ4本の「抜け道」が存在するというのだ。２０１１年3月23日までほぼゼロだった1号機への注水量。その原因はこの10本の抜け道にあった。

1号機　10本の「抜け道」の検証

それにしても、なぜ1号機だけ他よりも多い10本の抜け道が存在するのか。取材班は、原発の構造に詳しい専門家や、原発メーカーOBとともに改めてそのルートを検証することにした。すると、アメリカの基準で言うとBWR－3と位置づけられる1号機とその後の改良型BWR－4である2、3号機とは機器の配置やレイアウトが異なるため、1号機には2号機や3号機にはない抜け道が存在することがわかってきた。

その一つが復水脱塩装置とよばれる設備を経由して水が抜けていくルートだ。水の中に塩分などの不純物が含まれていると原子炉などの設備に悪影響を与える恐れがある。復水脱塩装置はそうした不純物が原子炉に流入しないように設けられている。

この復水脱塩装置によって塩分が取り除かれた水はその後に多くの設備に供給されているため、そこが「抜け道」になっているというのが東京電力の見解だった。原子炉の近くにある再循環ポンプ、給水ポンプ、低圧ヒーターのドレンポンプ、という重要な3つのポンプがある。ここから蒸気や冷却水が漏れると、放射性物質の漏洩につながりかねないため、入念な対策がとられている。その仕組みは3号機で取材班が読み解いた「封水」と呼ばれる仕組みを同じように採用している（次ページ図参照）。

3号機同様、1号機でも、電源が失われポンプの回転が止まると、この「封水」の機構が働かなくなり、水が別の場所へ流れ込んでしまうのだ。さらに、ポンプだけでなく、東京電力の分析では1号機は復水脱塩装置を経由し、脱塩塔と呼ばれる冷却水に含まれるイオン状の不純物を除去する装置にも流れ込んでいるという。脱塩塔は直径2メートルを超える大型の設備で、原子炉建屋の1階部分に6個並んでいる。これも1号機特有の抜け道だ。東京電力によると、これ以外にも、冷却水が本来向かうはずのない、全く別の建屋につながる「抜け道」も1号機には存在すると認めている。原子炉建屋に隣接する廃棄物処理建屋だ。本来原子炉に向かうはずの水は、全く別の建屋にまで漏れていたのだ（183ページコラム参照）。

「封水」の仕組み

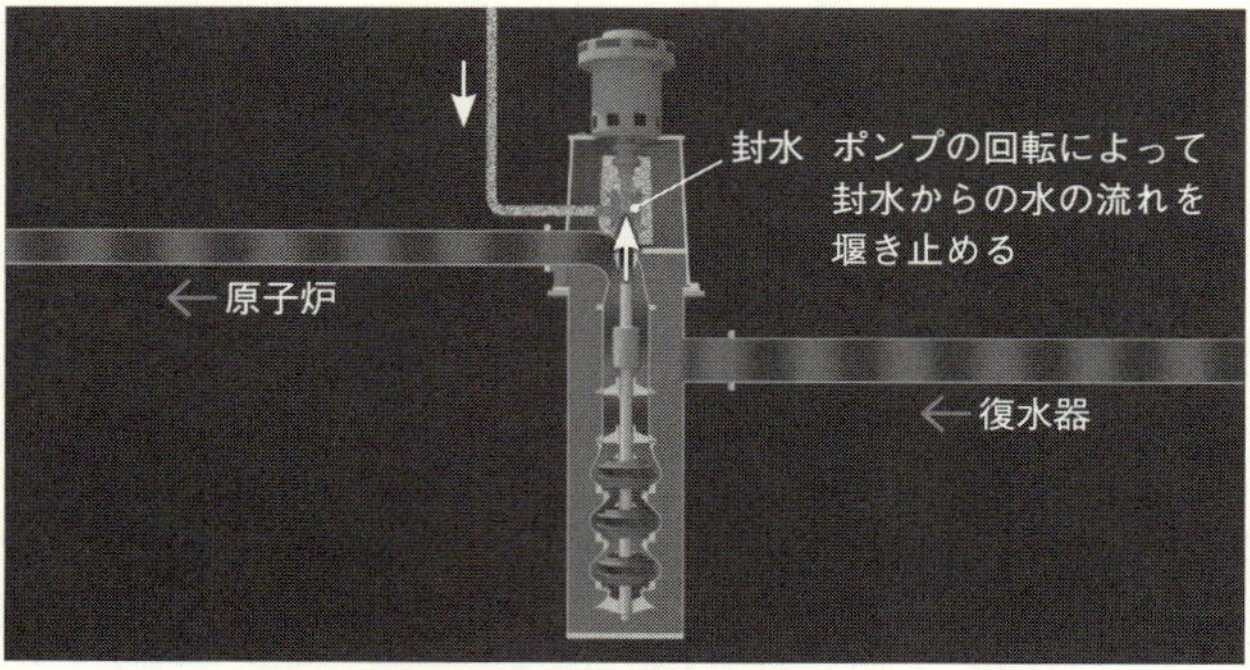

低圧復水ポンプ（電源駆動時）：ポンプが回転する際に発生する水の圧力によって、ポンプに流れ込む水を封じる構造になっている。通常であれば、「封水」部分に入った水は、ポンプの羽根が回転する圧力によって堰き止められる。左右の配管は復水器と原子炉を結ぶライン、上から下のラインは封水の仕組みが有効に機能するまでの間、外部から冷却水を送り込む「配管」。白色の矢印は消防車からの水を意味する

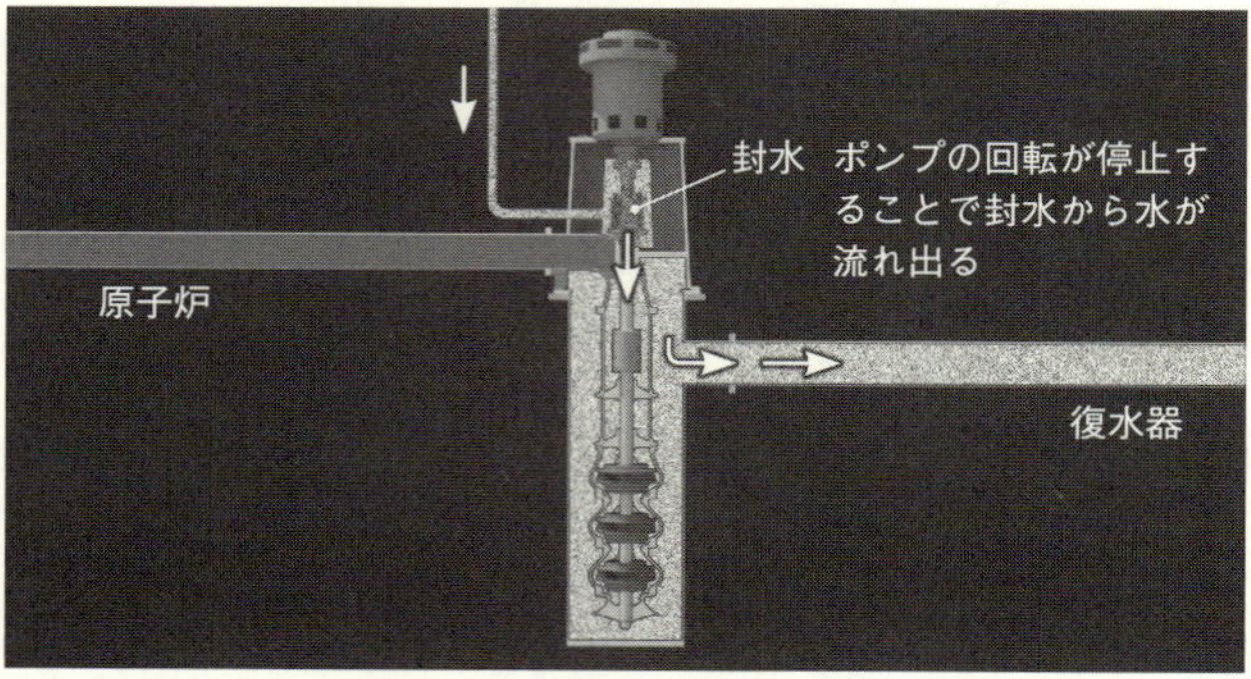

低圧復水ポンプ（電源喪失時）：ポンプが停止すると、ポンプが回転する際に発生する水の圧力がなくなる。その結果、冷却用の細い配管を通じて「封水」部分に入った水は、ポンプ部分を素通りして復水器へと向かうことになる。電源喪失を想定しないことによる致命的な落とし穴だった（©NHK）

衝撃の注水量　1秒あたり0・075リットル

では、これだけの抜け道が存在する1号機の原子炉にはいったいどれだけの量の水が入っていたのか？　その詳細を知るには最新の解析コードによる分析が必要だった。

福島第一原発の1号機、2号機、3号機にいつどれだけ水が入り、どのように核燃料はメルトダウンしていったのか、最新の解析コードで分析するＢＳＡＦ（Benchmark Study of the Accident at the Fukushima Daiichi Nuclear Power Station 福島第一原発事故ベンチマーク解析）とよばれる国際共同プロジェクトが進んでいる。事故の翌年２０１２年から経済協力開発機構・原子力機関（ＯＥＣＤ／ＮＥＡ）が始めたこの取り組みは、世界各国の原子力研究機関や政府機関がそれぞれ所有する過酷事故解析コードを改良しながら、福島第一原発事故の進展と現在の状況を分析する世界最先端の研究だ。ＢＳＡＦに参加する国は徐々に増え、現在11ヵ国（カナダ、中華人民共和国、フィンランド、フランス、ドイツ、日本、韓国、ロシア連邦、スペイン、スイス、アメリカ）になった。

その運営を担う機関が東京・港区西新橋にある。エネルギー総合工学研究所。電力会社や原発メーカーのＯＢに加え、外国人研究者が名を連ねる日本でも有数の研究機関だ。同研究所原子力工学センターの副センター長の内藤正則《ないとうまさのり》は、福島原発事故前から日本独自の解析コードＳＡＭＰＳＯＮを開発し、ＢＳＡＦプロジェクトの中心的役割を担う人物だ。

1号機では、溶け落ちた核燃料が原子炉の底を突き破り格納容器の床に達した後、崩壊熱による高温状態が維持されることで床のコンクリートを溶かし続けるMCCI（溶融炉心コンクリート相互作用）が起きたとされる（ⒸNHK）

２０１７年２月、ＮＨＫでは内藤を含めた専門家を交え、１号機への注水など事故の進展に関する分析を行った。内藤は、ＢＳＡＦの取り組みを通じて各国の研究機関がシミュレーションから導き出した"現時点で最も確からしい"としている最新の注水量を告げた。

「１秒あたり、０・０７〜０・０７５リットル。ほとんど炉心に入っていないことと同じです」

国際機関が検証している最新の注水量。多く見積もっても、１分あたり１・５リットルペットボトルの３本分程度しかないわずかな注水量に専門家たちも衝撃を受けた。５年以上にわたって事故の検証を続けてきた内藤が提示したのは、この章の冒頭

空気作動弁がもたらした意外な「抜け道」

1号機には意外な「抜け道」が存在した。水が本来向かうはずのない、原子炉建屋に隣接する廃棄物処理建屋へ向かう漏洩ルートだ。これは、放射性物質に汚染されたいわゆる廃液を廃棄物処理建屋に送り、処理するために設けられている系統である。廃液の流れをコントロールするため、配管の途中には空気で作動する弁が設置されており、この弁が閉まっている限りは消防注水の抜け道にはならない。

しかし、ここでも全電源喪失が落とし穴になった。全電源喪失によってポンプのモーターが止まり、空気作動弁にも空気が供給できなくなってしまったのだ。その結果、水の流入を止める弁が開いてしまい「抜け道」が生まれてしまった。このルートを通じて廃棄物処理建屋の中にある、廃液中和ポンプと呼ばれる機器に流れ込んでいたというのが東京電力の見解だった。

この電源喪失時に開いてしまう空気作動弁と多数の機器が存在する廃棄物処理建屋に流れ込むルートに取材班は注目した。他には「抜け道」は存在しないのか。独自に入手した廃棄物処理建屋の配管計装線図をもとに、原発メーカーOBや専門家とともにこのルートを詳細に検討した。

すると、廃液中和ポンプだけでなく、空気作動弁によって「抜け道」を防いでいるルートが廃棄物処理建屋の中で少なくとも“4つ”新たに見つかった。床ドレン収集ポンプ（排水を処理するために一時的に貯蔵する槽から水を抜くためのポンプ）につながる3/4インチの配管、HCWサ

184ページに続く➡

183ページから続く➡

ンプポンプ（床に設置されたサンプピットの水位が上昇した際に、廃棄物処理建屋に水を送るポンプ）AとBにつながる1/2インチの配管、そしてフィルタスラッジサージタンク（放射性廃棄物であるスラッジを貯蔵するタンク）につながる4インチの配管だ。

これらはすべて東京電力が「抜け道」として認めている廃液中和ポンプへの流入ルートと同様に、空気作動弁によって水を止める系統になっている。この経路の空気作動弁も電源喪失時に開いてしまう可能性はないのか。バルブのメーカーや専門家が名を連ねる日本バルブ工業会のJIS規格の審査委員長も務める専門家、刑部真弘（東京海洋大学教授）は「見逃せないルート」だとしたうえで、「同様の系統にある空気作動弁も全電源喪失時に開いてしまう可能性はある」と見解を述べた。

「4インチもの大きな配管が抜け道になっているとすれば、原子炉にほとんど水が届かなかった可能性がある」

もともと消防車から復水系につながる配管は3インチ程度しか直径がないところもあり、メルトダウンした後もある程度の圧力を有する原子炉に対し、廃棄物処理建屋内の大気圧の設備はそれだけで水が流れ込みやすい。そのルートの配管の直径が大きければ、その「抜け道」は水のいわばメインルートになってしまう恐れがあるのだ。

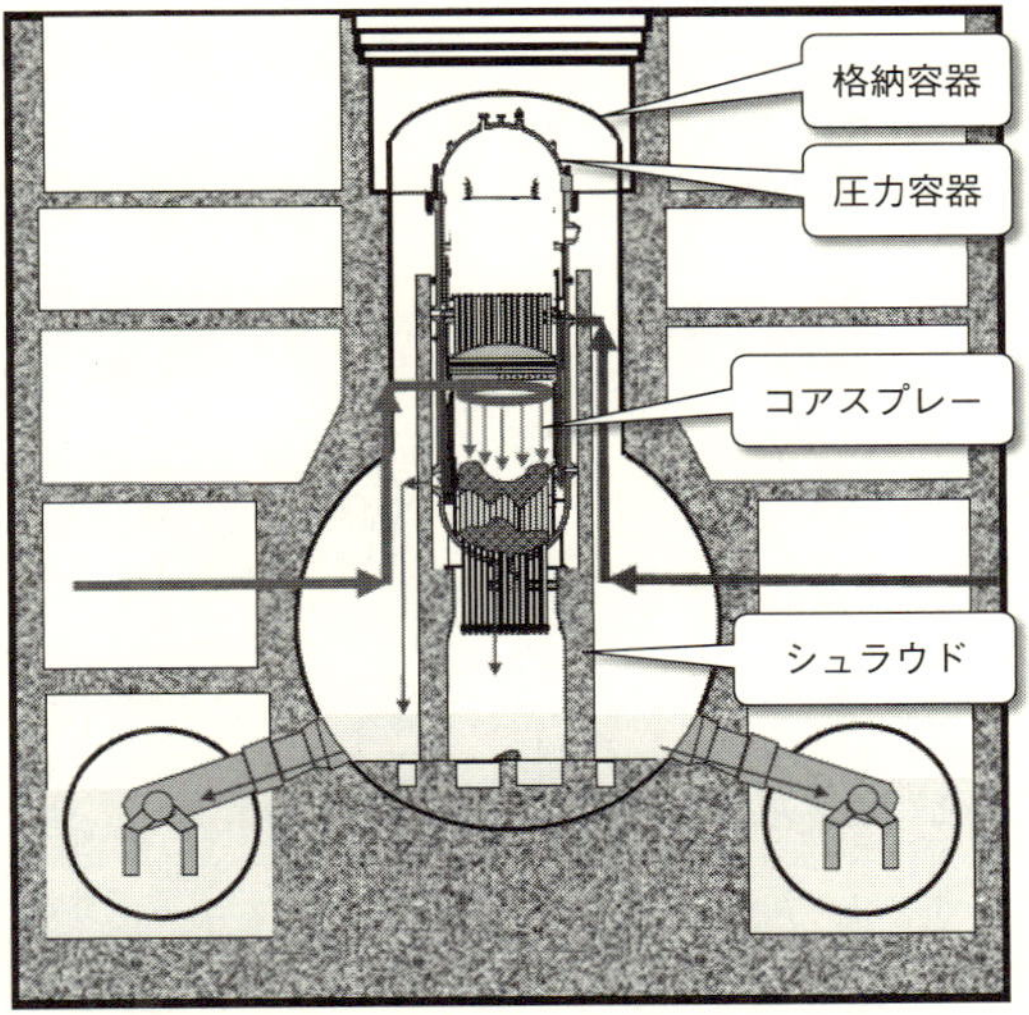

1号機では原子炉を覆う巨大な構造物シュラウドが1000℃以上の高温で変形し、コアスプレーが有効に機能しなかった可能性が指摘されている（東京電力資料をもとに作成）

でＩＲＩＤが原子力学会で発表した数値より具体性を持った数値だった。

さらに量の少なさに加え、１号機特有の注水方法がより原子炉の冷却には厳しい状況を生んでいたと内藤は指摘する。

１号機では、２号機・３号機で行われていた原子炉の下部を通じて水を注ぐ給水系ではなく、核燃料の真上から水を注ぐ「コアスプレー」と呼ばれる注水ルートで水を注いでいた。内藤はここから水を注いだ場合に十分に原子炉全体に水が届くか疑問視していた。

内径4・8メートルの原子炉の中心部まで水を注ぐためには、十分な吐出圧力や水を注ぐためのノズルの角度など、整えなくてはならない条件がいくつかある。

コアスプレーは十分な量と吐出圧力があれば核燃料に直接水をかけ冷却できるメリットがある一方で、圧力が低ければ、原子炉の中心部分には届かないため機能しない。原子炉の構造に詳しい東芝の元原子力部門の技師長・宮野廣（法政大学客員教授）は、「1秒あたり、0・077～0・075リットルの量では、水は壁をつたってちょろちょろ流れる感じにしかならない」と強調した。

内藤は「わずかな注水では、真ん中に絶対届かない」と断言する。

彼は、コアスプレーが効果を発揮するための研究に深く関わってきただけに、その発言には重みがあった。

さらに悪い条件が重なっている可能性が指摘されている。SAMPSONの最新の解析では、原子炉の内側で核燃料を覆うシュラウドという巨大な構造物は事故の進展の際に1000度を超える温度になったと推定されている。この試算が正しいとすると、シュラウドとそれを支える構造物は溶けることはないものの、熱で柔らかくなり、重さで下の方向にずれていた可能性が高いという。

「そうなれば、シュラウドを貫通する形で原子炉中心部につながっているコアスプレーの配管も、ゆがんでつぶされるような形になって細くなる、あるいは閉塞してしまう可能性がある。そうすると本当に水が入らなくなる」

内藤の指摘で1号機の注水量は極めて少なく、より危険な状態に陥っていた可能性が浮かび上がった。

遅すぎた注水開始　生み出された大量の核燃料デブリ

しかしながら、1号機の注水ルートに「抜け道」がなければメルトダウンを防ぐことができたのか？　答えはNOだ。吉田が官邸の武黒からの指示を拒否し、注水を継続していた局面は3月12日午後7時過ぎのこと。しかし、SAMPSONによる最新の解析によると、1号機のメルトダウンはこの24時間前から始まっており、消防車による注水が始まった時点では、核燃料はすべて溶け落ち、原子炉の中には核燃料は全く残っていなかったと、推測されているのだ。

注水の遅れは事故の進展や廃炉にどのような影響を与えたのか。内藤は「MCCIの進展に関してはこの注水量が非常に重要になる」と口にした。MCCI（Molten Core Concrete Interaction）は〝溶融炉心コンクリート相互作用〟と呼ばれ、溶け落ちた核燃料が原子炉の底を突き破り格納容器の床に達した後、崩壊熱による高温状態が維持されることで床のコンクリートを溶かし続ける事態を指す。

SAMPSONによる解析では、MCCIが始まったのは3月12日午前2時。1号機の原子炉の真下の格納容器の床にはサンプピットと呼ばれる深さ1・2メートルのくぼみがあり、そこに溶け落ちた高温の核燃料が流れ込むことで、MCCIが始まった。

それから13時間後。吉田が注水継続を判断した3月12日の午後7時過ぎには、侵食はおよそ2・1メートルまで達していたと推定される。

当時の消防車からの吐出量は1時間あたりおよそ60トン。東京電力の1号機事故時運転操作手順書（シビアアクシデント）によれば、この時点での崩壊熱に対して必要な注水量は、15トンとされている。つまり消防車は必要量の4倍の水を配管に注ぎ込んでいたのである。この水が、原子炉、あるいは格納容器の床面にある溶け落ちた核燃料に確実に届いていれば、コンクリートの侵食は十分に止まるはずだった。

しかし、消防車から注ぎ込まれた大量の水は、途中で「抜け道」などに流れ込んだことで、原子炉にたどり着いた水は〝ほぼゼロ〟。コンクリートの侵食は止まることなく、3月23日午前2時半には深さは3・0メートルに達した。

その結果、もともとあった核燃料と原子炉の構造物、コンクリートが混ざり合い、「デブリ」と呼ばれる塊になった。1号機のデブリの量はおよそ279トン。もともとのウランの量69トンに比べ4倍以上の量となった。

日本原子力学会で福島第一原子力発電所廃炉検討委員会の委員長を務める宮野は、大量に発生したデブリが、今後の廃炉作業の大きな障害となると憂慮する。

「279トンってもの凄い量ですよ。しかも核燃料とコンクリートが入り混じって格納容器にこびりついている。取り出すためにはデブリを削る必要がありますが、削り出しをすると、デブリを保管するための貯蔵容器や施設が必要になっていく。本当に削り出して保管するのがいいのか、それとも、削らずこのまま塊で保管するのがいいのかって、そういう問題になっていく。保管場所や処分の方法も考えなければいけない」

内藤が続ける。

「当時の状況では厳しいでしょうけど、いま振り返ってみればもっと早く対応ができなかったのかと悔やまれますね。2011年3月23日、1号機の注水ルートを変えたことで原子炉に十分に水が入るようになり、1号機のMCCIは止まりました。では、あと10日早く対応していれば、コリウム(溶け落ちた核燃料などの炉心溶融物)によるMCCIの侵食の量は少なくて済んだ。少ないです、ものすごい……」

廃炉を成し遂げる道に立ちはだかる、1号機格納容器の底にある大量のデブリの取り出し作業。消防注水の抜け道が存在し、MCCIの侵食を食い止められなかったことは、今後長く続く廃炉への道の厳しい状況を生み出してしまったのだ。

MCCIが生み出した大量の水素は何をもたらしたのか

1号機の注水ルートの「抜け道」は事故の悪化を食い止めることができず、大量のデブリを生み出しただけではなかった。実はMCCIを起こすことでもう一つの深刻な事態をもたらしていた。それは、水素の大量発生だ。原子炉建屋に蓄積した水素は、1号機と3号機、4号機で爆発を引き起こした。

わけても1号機の爆発の規模はすさまじかった。日立GEニュークリア・エナジーの河合秀郎は、免震棟の復旧班に依頼され、バッテリーを受け取るために、福島第一原発の南に20キロ離れたJヴィレッジまで移動していたが、爆音は、そこまで響き渡ったという。

「すさまじい音が聞こえたので驚きました。福島第一原発のある北方面から音が聞こえてきたので、相当大変な状態になっているんじゃないかというふうに思いました」

爆発をもたらした水素の発生源は、これまで核燃料の被覆管の材料の一つであるジルコニウムが高温となり水蒸気と反応することで生まれるものが主だと考えられてきた。しかし、実は、メルトダウンした核燃料が床のコンクリートを溶解するMCCIによって発生する水素の方が、核燃料のジルコニウムが水蒸気と反応して生まれるよりも大量であるこ

非常用電源車とのケーブル接続も完了、機能停止した冷却系が復活する寸前、1号機は水素爆発し、事態は急速に悪化していく（実録ドラマ）（©NHK）

とが最新のＳＡＭＰＳＯＮの解析から分かってきたのだ。

1号機の水素発生量を時間ごとに細かく見てみると、原子炉から核燃料が溶け落ちるメルトスルーが起こるまでの水素発生量は200キログラム強。一方、メルトスルーの後、ＭＣＣＩが始まってからの水素発生量は急激に増加、水素爆発が起きる3月12日午後3時36分までに100キログラム強、その後、3月14日にはさらに500キログラム以上増えて合計800キログラムを超える量に達したとみられている。1号機で発生した水素は、ＭＣＣＩによって発生したものが、3月12日から23日までの間、7割以上を占めていたのだ。

誰も見抜けなかった〝注水ゼロ〟

吉田や東電社員たちが命を賭して進めた消防注水。当時、1号機の事態の悪化は食い止められたと多くの人は思った。

1号機への海水注入が始まったあとに行われた、3月12日午後8時41分から始まった記者会見で、官房長官の枝野《えだの》幸男《ゆきお》はこう発言している。

「海水によって容器を満たすということは、これまでにない措置をとるということで、想定されている中では、これによってしっかりと当該原子炉はコントロール、管理下におかれるものと思っております。（中略）格納容器を満たす時間でありますが、詳細にはポンプの稼働の状況等によって正確にあらかじめ決めることができるわけではありませんが、概ね5時間から、プラスα数時間という範囲内ではないだろうかというふうに考えております」

官邸には海水注入が始まったことで1号機への安心感が生まれつつあった。東京電力の記者会見でも「1号機に海水が注入され、水位が回復してきた」と広報担当者がメディアに伝えていた。当時、12日夜には、1号機の事態の悪化は止まったのではないかと多くの専門家も見ていた。

しかし、1号機の原子炉にはほぼ水が入ることはなく、事態の悪化は注水ルートを変更する3月23日まで止まらなかったのだ。

なぜ、12日間にわたって、1号機の原子炉に注水が続いているなかで、「抜け道」に対する対応ができなかったのか。次の章ではこの期間のテレビ会議をすべて人工知能で読み解き、危機対応の深層に迫っていく。

大量発生した水素と放射性物質の漏洩

水素の発生が継続することで別の悪影響も出ていた可能性もある。エネルギー総合工学研究所原子力工学センター副センター長の内藤正則は、大量に発生した水素が、格納容器からの放射性物質の放出を促したと考えている。

１号機の格納容器の圧力は、水素爆発後、翌日の３月13日午後５時30分ごろまでじわりじわりと上昇を続けていた。内藤は、この圧力上昇の原因が、冷却できなかった原子炉から発生している水素などのガスだと言うのだ。格納容器の圧力が高まることは、放射性物質の封じ込めが機能していることを意味する。ところが午後５時30分以降、今度は格納容器の圧力が徐々に下がり始める。この時期、１号機においては格納容器の圧力を下げるベントは行われていない。

ベントも行われていないのに、なぜ圧力は下がったのか。内藤は、なんらかの原因で格納容器の封じ込め機能が低下して、充満していた気体の一部が外部に流出した可能性を指摘する。

「MCCIによって大量に発生した水素が格納容器内に充満したことにより、圧力が上昇し、格納容器のどこかに漏洩する箇所が生じて、そこから水素などとともに放射性物質が放出されていった可能性があります」

１号機の原子炉の圧力が低下した３月13日の夕方といえば、３号機の冷却機能が喪失し、メルトダウンを食い止めるための消防車による注水のオペレーションや３号機のベントの作業が山場を迎えていた。１号機の格納容器と向き合う余裕は現場にはなかったのである。

第５章

１号機の消防注水の漏洩はなぜ見過ごされたのか？

「東電テレビ会議」人工知能解析でわかった吉田所長の極限の疲労

吉田所長が語っていた「1号機注水への疑問」

1号機への海水注入が開始された3月12日夕方、東京電力本店の安全担当の責任者であるグループマネージャーは、消防注水に対する効果に疑念を抱き始めていた。12日昼過ぎから、消防車から1時間あたり60トンの量の水を注ぎ込んでいたにもかかわらず、水位計の値が上がらず、原子炉が満水になる気配がいっこうに見えなかったからだ。午後7時頃、グループマネージャーは、福島第一原発に対して次のような懸念を伝えている。

「色々考えたんですけど、いくつかその可能性があって、1つは水位計がおかしいんじゃないかって思ったんです。もう1つあるのは、あのレベルでどこかにその穴があいているかもしれない、ベッセル〔原子炉圧力容器〕に。（中略）何かリークするような箇所があるかもしれないっていうふうに思っているんですよ。つまり、いくら水入れてもそれ以上水位が上がらないのは、みんなドライウェル〔格納容器の一部、図参照〕に落ちてるんじゃないかと……」

この発話から約6時間後、13日午前1時前には、保安院からも「1号機はいつ満水になるか」という問い合わせが福島第一原発の免震棟に寄せられていた。1号機の注水の効果に誰もが疑問を抱き始めていた。

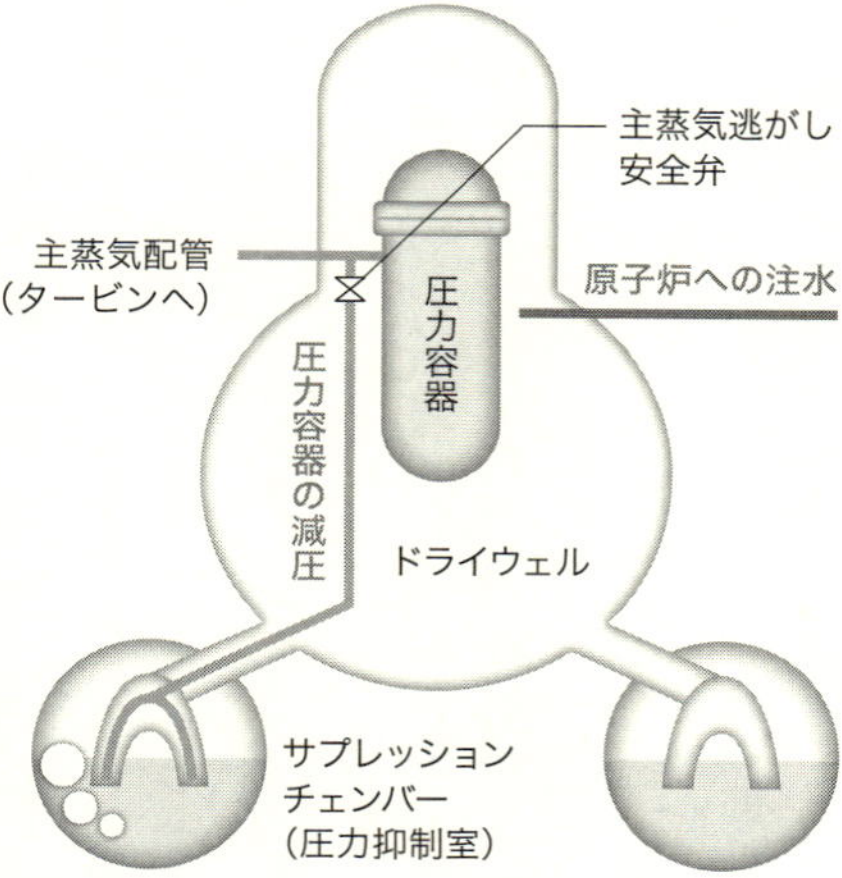

格納容器：ドライウェルと圧力抑制室をあわせた部分

1号機には1時間あたり60トンもの海水が注入されたが、いつまで経っても満水にならなかった。3月12日時点では吉田所長も、圧力容器から海水が漏洩し、格納容器へ流れ込んでいる可能性を憂慮していた（東京電力資料を参考に作成）

それに対し吉田は次のように述べている。

「今の60t入ってるかどうかっていうのもちょっと若干その流量計がないから分かんないところあるんだけど、2時間だったら本当は満水になっているはずが、なってないというところなんです。（中略）動かしてたつもりなんだけど、津波で現場を離れてたんで、これからその分を取り返すんで、あと2時間程度まずやってみると、それ位だと思うんだけどな」（3月13日午前0時57分の発言）

事故対応部門の担当者は「なるほど。そういうことですね」と相槌を打ったあと、原子炉が満水になったことを確認する方法があるかと問い合わせた。これに対して、吉田は「いえ、だからさっきから言っているように流量計も信じられない」と応じている。吉田は、「ベッセル〔原子炉圧力容器〕にどっかバイパスライン〔抜け道〕が出ていると、水が全部ドライウェル〔格納容器の一部、図参照〕にあふれちゃうから、ベッセルは満水にならない可能性もあるわけですね」と、水が原子炉に届く前に格納容器に洩れる可能性を危惧している。

この会話が交わされていた3月13日の午前1時前の福島第一原発は、つかの間の安定した状況を取り戻していた。1号機の水素爆発で行方が分からなかった所員も見つかり、紆余曲折はあったものの1号機は消防車による注水が行われ、総理の了解も得られているという知らせも吉田の元に届いていた。

この時点では、3号機はHPCI〔高圧注水系〕で、2号機はRCIC〔隔離時冷却系〕で原子炉の冷却が行われていた。目の前に迫る危機はなく、現場は冷静に事態を見極めるだけの、少しの余裕があった。実際に、福島第一原発の幹部はテレビ会議で「各班もそれぞれの今日のまとめと明日の今後みたいな話をやってもらって、そのまま解散ということにしたいと思いますので、よろしくお願いします」と発言している。本店に至ってはこの時点で緊急時対策室に詰めかけていた幹部たちは、一時解散し、官庁連絡班や復旧班を中心に必要とされる人員だけを残している状況だった。

しかし、1号機では、吉田の懸念した事態が進行していたのである。

失われていく〝記憶〟

3月13日未明、1号機の注水が行われていた当時、東京電力は、どれほど注水に疑いをもっていたのか。福島第一原発や本店で対応にあたっていた東電社員に話を聞く機会があった。２０１６年の冬のことだ。福島第一原発の免震棟の円卓で対応にあたった幹部は、東京電力が事故調査を通じて公表した当時の時系列の動きを見ながら眉間にしわを寄せ考えるものの、「ほとんど覚えていないですね」と力なく答えた。この社員は、複雑に進展していた福島第一原発の事態を冷静に把握し、取材班に対しても隠すことなく自分の体験を述べてきた人物だ。事故対応にあたった東電の社員の取材班に対する対応は大きく二つに分類できる。メディアを信頼していないため、知っていることも話さない人物、一方で、自分たちの経験を後世への教訓として残したいと、素直に自分の体験したことを話す人物だ。この東電社員はもちろん後者だった。彼が語った「もう5年もたちましたから」という言葉が強く耳に残った。

別の機会に、本店の緊急時対策室で不眠不休で対応にあたっていた原子炉周辺の機器を専門とする東電社員にも話を聞くことがあった。この人物もプールへの放水などおおよそのオペレーションのことは覚えていたものの、「その注水の話って、1号機ですか、3号機ですか？　海水だから……。あ、最初は全部海水か」といった調子で、メルトダウンした3つの号機それぞれのオペレーションの記憶が混乱し、正確なことはもはや思い出せない状況だった。

こうした傾向は、東京電力・政府・国会の事故調査委員会が事故調査報告書を出し終え、社会の事故への関心が薄れていった2013年頃から強く感じられるようになってきた。人の記憶は時間とともに失われる。事故の体験の風化が社会のみならず、事故対応にあたった当事者たちにまで広がっていた。時間との闘いで次第に聞き取り取材の限界が近づいてくる中で、どのように深層に迫ればよいのか。

時間を経ても変わることがないもの。それは事故当時に計測されたデータや東電が関係機関などに送ったFAXなどの一次資料である。1号機消防注水の謎に迫るにはこうした一次資料を丹念に読み解くことが求められる。その中でも、最も価値が高いのは、事故対応そのもののいわば生データともいえる「テレビ会議の発話」だった。

メディア以外には閉ざされたテレビ会議記録

1号機の消防注水への疑問を当初から抱きながら、吉田たちはなぜ3月23日までの12日間にわたって、1号機の原子炉に注水がほとんど届かない事態に手を打つことができなか

免震棟の緊急時対策本部（写真：東京電力）

ったのか。取材班は、〝生データ〟であるテレビ会議の会話をいわば定量化し、分析できないかと考えた。どの時間帯に何の発話が集中的に行われているのか。一方、1号機の注水に関する会話はこの12日間、どのような傾向をたどっていったのか。

テキスト分析において、NHKには奇《く》しくも東日本大震災をきっかけに作られた専門チームがある。「Social Listening Team」、頭文字を取って「SoLT＝ソルト」と称するこのチームは、震災直後、被災者がツイッターやブログで自身や周囲の被害状況を独自に発信し、データが爆発的に増えていくなかから情報の真偽を見定め、放送原稿として出稿していた記者たちが母体となって新設されたチームである。SoLTを立ち上げた報道局・ネットワーク報道部の足立義則《あだちよしのり》を取材班が訪ねると、テレビ会議のデータそのものに強く関心を持った。そして、取材班の意図を理解するやすぐに「テキストマイニングで分析できる」と助言をしてくれた。「テキストマイニング」とは21世紀に入りビジネスの世界でめざましい発展を遂げている会話の定量的な分析手法である。単語ごとに分かち書きする英語と異なり、日本語は単語や接続語の切れ目が複雑であることから、文章を単語ごとに切り分けコンピューターに処理させる「自然言語処理」と呼ばれる手法も重要となってくる。

そうした技術を持ち得ている企業や専門家はいないか？　取材班の問いに対し、足立は「Ｗａｔｓｏｎと組んでみないか？」と、想像もしていなかったアイデアを持ち出した。

人の会話などの文章を解析する人工知能〝Ｗａｔｓｏｎ〟

Ｗａｔｓｏｎ（ワトソン）の名前を聞いたことがある人は少なくないだろう。２０１６年には、専門医でも診断が難しい特殊な白血病の的確な治療法をわずか10分で見抜いたというニュースで社会から注目を集めた。膨大なデータからその答えを導き出すだけでなく、日本語の自然言語処理においてめざましい発展を遂げているＷａｔｓｏｎを、コールセンターに寄せられる顧客の声や営業現場での日報の分析など、定量的なデータ分析を的確に行うビジネスツールとして導入する大手企業も増えている。

その開発の中核を担うエンジニアとの最初の打合せは2016年10月6日、東京・渋谷区のNHKで始まった。日本IBMの村上明子。東日本大震災や福島第一原発事故に対して並々ならぬ熱意を持ったエンジニアだ。

村上は、東日本大震災後の石巻《いしのまき》でのボランティア活動をきっかけに、企業人や研究者とともに災害時の情報支援組織「情報支援レスキュー隊（IT DART）」の立ち上げに尽力し、2015年の関東・東北豪雨、2016年の熊本地震の際も現地に入り、被災者に必要な情報を届ける活動を自治体と連携して続けてきた。そして、大学院時代は金属に中性子を照射し物性の変化を研究するために茨城県東海村にある日本原子力研究所（現在の日本原子力研究開発機構）に通うなど、原子力の分野にも造詣が深かった。彼女は、福島第一原発事故で多くの人が不自由な避難生活を強いられたことに人一倍胸を痛めていた。

そんな村上は、吉田や本店の幹部らが事故対応にあたった一部始終を収録したテレビ会議の発話記録にどのような価値を見出すのか。

村上の評価は、非常に価値がある貴重な一次資料ではあるが、あまりに難解で専門用語が多いため、その用語を分類する「辞書」を作る必要があるというものだった。その役割は事故直後から東京電力をはじめとする専門家への取材を繰り返し行ってきた取材班が担うことになった。そして村上はこう続けた。

Watson Explorerを用いた「テレビ会議」の解析には、日本IBMの村上明子（中央）が全面協力した（©NHK）

「このテレビ会議の分析が、事故対応にあたった誰かを批判するためのものではなく、次の事故を防ぐための社会の教訓となって欲しい」

加わった危機管理の専門家

原発事故のような巨大事故の会話記録を人工知能で定量的に読み解くのは、恐らく世界初の試みである。取材班は原発事故だけにとどまらない事故対応における危機管理について、共通する教訓を導き出したいと考えた。

日本ＩＢＭの村上は、以前から親交のある危機管理の専門家を取材班に紹介してくれた。京都大学防災研究所教授の畑山満則《はたやまみちのり》。畑山が防災や危機管理の研究者として歩み出したきっかけは、１９９５年の阪神・淡路大震災。当時民間企業で、防災に活用するための地理情報シス

「テレビ会議」の解析作業には、危機管理の専門家である畑山満則・京都大学防災研究所教授が加わった（©NHK）

テムを手がけていた畑山は、震災発生直後、神戸市長田区に入り、倒壊や火災で焼失した建物あるいは解体撤去が進んだ建物を色分けして統計的に整理することで、復興を促進することに活用できたという。その経験から情報システムを防災・減災・危機管理に活かしたいと、京都大学で研究者の道をスタートさせた。東日本大震災の前には原子力分野の防災支援である避難システムも、国の外郭団体の旧原子力安全基盤機構（JNES）とともに開発を進めてきた。事故が今後どのように進展し放射性物質が放出されるのか、避難経路のどこに渋滞が起きていて、的確な避難経路はどこか、などをコンピューター上で表示することで住民避難をスムーズに行うため開発されたシステムだ。しかし、このシステムの導入は全く進まなかった。福島第一原発事故前には「原発事故は起こるはずがない」という安全神話が、原子力業界を指導する霞が関に根強くあり、事故発生を前提とした畑山らのシステムが受け入れがたかったからだ。結果として、今回の福島第一原発事故でそのシステムがいかされることはなかった。

畑山は危機管理に活用する情報システムの専門家であるが、机上ではなく実際に現地に入り行政機関と連携することで減災に取り組む〝実務型〟の人間である。そのため、危機の際に対応にあたる人がどのように行動するのか、それがどのような結果をもたらすのかについて、造詣が極めて深い。

畑山が今回の福島第一原発事故で注目したのは、所長の吉田ら「事故対応の当事者」の疲労だった。

これまで、吉田たちの疲労が限界を迎えていた、あるいは越えていたと、感覚的に言われることはあっても、定量的に分析した試みはない。日本IBMの村上も、この「疲労」という観点からの分析には強く関心を持っていた。村上は、福島第一原発事故で吉田たちに不眠不休の事故対応をとらせた東京電力に対して「海外の危機管理ではあそこまで現場の人々を極限状態のまま対応させることはない。なぜ交代ができないまま対応にあたらせてしまったのか？」と疑問を持ち続けていた。

一方、畑山は村上の意見を理解しつつ、時間がくればローテーションで対応者を交代させていくアメリカ流のシステマティックな危機対応の弱点も熟知していた。

「能力が高い人が事故対応にあたっている場合、そのまま続けた方が危機対応のパフォーマンスが高い状態を維持できるというメリットもある。今回の事故対応ではそこがどうだったのか」とやはり現場の最高責任者の吉田の〝疲労〟と危機対応の時系列の動きを重ね合わせながら分析することの重要性を感じていた。

人工知能で人の疲労を〝定量化〟する

ではどのように人の疲労を定量化するのか？　村上はこれまでの経験からいくつかのアイデアを取材班に与えてくれた。

例えば、発言をポジティブとネガティブに分類し、その出現頻度を人工知能で読み解く方法。村上は、過去に企業の日報に記されていた発言をＷａｔｓｏｎで分析し、ネガティブな発言が少なくなる傾向はむしろ余裕が失われ、「根拠のない自信」でしか自らを支えられない状態に陥っているという結論を導き出した経験を持っていた。

しかし、今回の事故では、３月15日から政府東電統合対策本部が東電本店に設置されるという特異な状況であった。対策本部設置以降は、テレビ会議に、官邸の政治家や官僚、そして東京電力にとっては規制官庁である旧原子力安全・保安院の官僚が常に同席する状態となっていたことから、吉田らはネガティブな発言や愚痴を言いづらい状況になっている可能性が高いと取材班は考えていた。

そこで村上が提案したのは、発言の中にある「〝言いよどみ〟や〝言い詰まり〟」の出現頻度で疲労を定量化する、という手法だった。これまで取材班は、何度となくテレビ会議の発言内容を検証してきたが、こうした観点から注目したことは全くなく、村上の提案は新鮮だった。

確かに、テレビ会議を聞いていると、吉田の発言の中に、「〝言いよどみ〟や〝言い詰まり〟」がしばしば現れることは感覚的には感じていた。

「1号と同じような方法も併せて今考えていて、あの、えー消火ポンプは来てます」(3月13日午前6時39分)

「えっ、防火水槽を水源として東京電力の化学消防車を水源にする、えーなんだ、FP〔消火ポンプ〕システムだ。いい?」(3月13日午前9時38分)

しかし、この膨大な発話の中から言いよどみや言い詰まりを抽出するには、改めてテレビ会議を全て視聴し直す必要があった。

東京電力本店　無人のテレビ会議視聴室

テレビ会議が公開されたのは2012年8月6日。当初、東京電力は、社内資料であり、社員のプライバシーの保護を理由に公開を拒んでいたが、メディアを中心とした社会の公開への強い要求を受け、枝野幸男経済産業大臣が東京電力に事実上の行政指導を行った結果、事故からおよそ1年半近くたっての公開となった。テレビ会議映像は個人の特定を避けるため、経営層以上の個人名はそのまま視聴することが出来るが、他の個人名が語られている音声部分は全てノイズ処理が施されている。

2012年8月6日のテレビ会議公開初日、東京電力本店には新聞、テレビ、インターネットメディアが多く押し寄せた。1階のテレビ会議視聴室に東京電力が数十台用意した視聴用のPC席は常に各社の記者やスタッフで埋まり、順番を待つ人たちが部屋の入り口付近に並ぶような状況であった。そうしたメディアのテレビ会議を読み解こうとする熱気は数週間にわたって続いた。連日スタッフやタイピング業者を数人引き連れて詳細な文字起こしを行うメディアもあった。テレビ会議視聴室で見ることが出来る動画は、個人を特定されないために映像に施される「ぼかし」の処理は行われていない。そのため、万が一データを抜き出されてしまうと個人の特定につながる恐れがあるため、テレビ会議視聴室には常に東京電力の社員が目を光らせていた。

しかし、公開から日がたつにつれ徐々にテレビ会議へのメディアの関心は薄れていった。各社からの要望に東京電力が応える形で進められてきたテレビ会議の動画の東電ホームページへの公開も２０１３年３月29日以来、４年以上行われていない。２０１１年３月に行われたテレビ会議の総録画時間は４２７時間49分、その中で公開されている動画はわずか６・４％の27時間39分にとどまっている。

言いよどみや言い詰まりから疲労を読み解くという、村上のアイデアを実現するには、改めて東京電力のテレビ会議視聴室で動画を一から視聴し、文字起こしを最初からやり直す必要があった。ＮＨＫでは、全テレビ会議の内容を文字起こししていたものの、「あー」「えー」「うー」など言い詰まりや言いよどみに注目して一字一句正確にテキスト化したわけではなかったからだ。

言い詰まりなどは自然言語処理の分野では「フィラー」と言われ、データのノイズとしてはじいてしまうようあらかじめシステムが組まれるなど、本来データとしては雑情報とみなされることが多い。しかし、その「ノイズ」に注目した村上のアイデアは斬新だった。さらに会話を「データ」として分析するためにもう一つ取材班に出された宿題は、会話の時刻を出来るだけ正確に入力することだった。

２０１６年10月、改めてテレビ会議の文字起こしを行うために東京電力本店を訪れた取材班は、テレビ会議が公開された２０１２年当時との部屋の違いに驚いた。視聴用のパソ

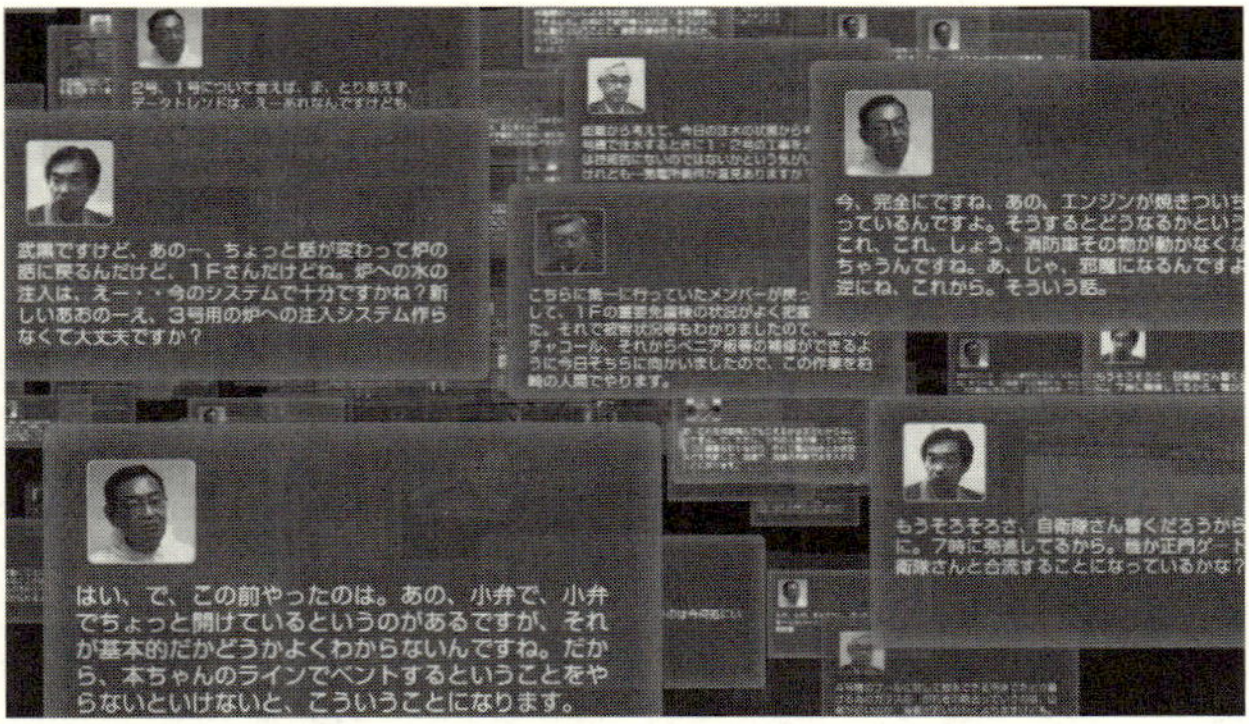

Watsonを用いた解析を行うために、取材班は、言いよどみを含めた発話内容をすべてテキスト化する作業を行った（©NHK）

コンは数十台からわずか4台に減っていた。さらに、視聴の際に立ち会う東京電力の社員の姿もない。「テレビ会議の視聴に来るマスコミの方は久しぶりですよ」と対応にあたってくれた東電社員の言葉が印象的だった。ただ、データの流出などの不正行為を防ぐためであろうか、部屋には2台の監視カメラが設置されていた。

改めて始めたテレビ会議の視聴。基本的に、視聴はすべて順速で行う必要がある。早送りなどして「言いよどみ」などを書き漏らすことがあってはならないためだ。書き起こしのプロが一般的な会議の文字起こしを正確に行う場合、5分の会話記録を書き起こすために1時間程度の作業時間が必要だという。福島第一原発事故のテレビ会議は専門用語が飛び交い、かつ決して音声もクリアでない場合もある。東電本店のテレビ会議視聴室は平日の午前10時から午後5時までがメディアが視聴可能な時間であるが、すでに文字起こしが出来ている状況であっても、あらためて「言い詰まり」や不明瞭な音声に着目し、作業を行うと、1日で3時間分程度の文字起こしを進めるのが限界だった。この作業だけでのべ90日間を費やした。

テレビ会議はそのほとんどが録画され視聴することが出来るが、一部東京電力が〝映像は記録されているが音声が記録されていない〟としている時間がある。事故発生から3月12日の午後10時58分まで。つまり、1号機のイソコン操作など原子炉冷却をめぐる初動対応など重要な時間帯は音声が全く残されていない。また、吉田がベントの準備を進めるよう指示を出した局面(3月12日午前0時06分)、断続的にではあるが1号機の注水が始まったタイミング(3月12日午前4時頃)、そして1号機が水素爆発を起こした瞬間(3月12日午後3時36分)などの音声記録も一切残されていない。次にテレビ会議の音声録音が途絶えるのは3月15日午前0時06分。この頃は既に3号機も水素爆発を起こし、2号機が切り札のベントも出来ず、福島第一原発が最も危機的な局面を迎えていた。未公開の国会事故調の聞き取り調査に対して、吉田が死を覚悟し「俺と死ぬのはどいつだ」と心の中で考えていた、と語っている時間帯だ。

そして、東京電力の〝全面撤退〟を疑った菅総理が東京電力本店に乗り込み、政府と東電による統合対策本部が東電本店に設置され（3月15日午前5時35分）、その後、吉田が対応に必要な最小限の人員を残し、社員を含めた対応者を一時的に福島第二原発に退避させる措置を行うことになった（3月15日午前7時　官公庁に連絡）時間帯にも音声記録は残っていない。このように事故のターニングポイントや、社会から注目される時間帯の音声記録が欠落していることに対して、政府も多くのメディアも疑問を持っていたが、いつしかそうした関心も薄れていった。

特徴的な吉田の言いよどみ

２０１７年が明けてテレビ会議の文字起こし作業をほぼ終え、人の会話などの文章を解析する人工知能のテクノロジー（IBM Watson Explorer）を用いた本格的な分析が始まった。まず注目したのは、吉田の〝言いよどみ〟だった。やはり吉田らに疲労が蓄積している時間帯に、言葉がうまく出てこない会話がしばしば現れることに気づく。例えば、テレビ会議で映像も音声も記録されている時間帯で最初に危機が訪れるのは、3月13日午前2時42分以降。３号機の冷却装置ＨＰＣＩ（高圧注水系）が機能を喪失し、３号機の注水やベントへの対応に追われるようになると吉田の言いよどみが目立つようになる。

テレビ会議から3月13日早朝の発言内容を拾ってみよう。

午前6時39分「1号と同じような方法も併せて今考えていて、あの、え－消火ポンプは来てます」
午前6時47分「ええとね。官邸から、あの、ちょっと海水を使うっていう判断をすんの、早すぎるんじゃないか、というコメントが来ました」
午前7時00分「いくつか、あの、今ほど、あの、消火ポンプのほうですけれども、海水を使うかと思ったんだけども、濾過水という話が出てきたんで」
さらに注意深くテレビ会議の文字起こしを行っていくと、吉田の会話の特徴として、緊迫した局面では、同じ言葉の「繰り返し」の表現が増えてきていることに気づいた。
午前4時18分「まぁ、しょうがない、しょうがない、しょうがない。もう、そこに決めたんだ。そこでやるっていうのが一番重要。ルール決めたらね」
午前4時28分「本店にもベント、ベントすること言ったんだっけ」
午前5時49分「ベント、ベントの準備はできてるんだっけ、ベント」
午前6時00分「そうだよ、それだと少しおかしいな、やっぱりな。5時10分に、5時10分に」
午前6時26分「だろ。だから、まずはさ、まずはさ。最優先はさ、水突っ込むんだから、早くさ、ベントして消火ポンプを生かして突っ込むと」

事故発生から3日目を迎えて、吉田所長は疲労の色が濃くなり、言いよどみや繰り返し表現が目立つようになった（写真：東京電力）

午前6時39分「ほんでもう一つは、だから減圧、、、、、、をして、減圧をしてそのなんだ、消火ポンプから海水を入れるという」

言葉の言いよどみや言い詰まり、そして繰り返しから疲労度を読み解くという村上のアイデアに取材班は手応えを感じ始めていた。

一方、再びテレビ会議を視聴していて気づいたことは、各メディアがこのテレビ会議の持つ価値にまったく気づいていないことだ。取材班が通い詰めた4ヵ月の間に他のメディアが訪れた日は、わずか1日だけであった。事故の検証を行うというメディアの関心の低下が、社会の関心の低下につながっていると、感じた。

現場の意識はどこへ向いていたのか？

テレビ会議の文字起こしを進める中で、かつて東電社員から聞いた話が頭に浮かんだ。事故の際に吉田の傍らで対応にあたった幹部である。この社員は、「1号機、3号機、2号機と次々と危機が訪れると、目の前で進展している事態にみんなが引っ張られ、他の号機への対応をする余裕がなかった」と語っていた。実際に、テレビ会議を聞いていると3号機の冷却機能が喪失し、危機が始まるまでは3号機の会話はほとんど出てこない。

一方で、3号機の注水やベント、電源復旧のオペレーションが立ち上がると1号機の会話は失われていく。そうした、取材班がテレビ会議で聞き取ったいわば取材実感を〝定量化〟することはできないかと、会話を分類しデータにする試みも同時に進めていくことになった。取材班がまず助言を求めたのは、事故の進展やその背景に精通する専門家だ。「メルトダウン」シリーズでともに検証を続けてきた宮野廣（元東芝・原子力部門の技師長）と内藤正則（エネルギー総合工学研究所原子力工学センター・副センター長）らだ。2人の助言に基づき、会話の対象となる場所、会話の種類、性質と3つの階層を作り分析することとした。場所については、1号機〜6号機、あるいは福島第一原発の敷地全体、同じく事故対応を続けていた福島第二原発、主に物資の支援などで会話の中に登場する場所であるオフサイトセンター（福島県大熊町《おおくままち》）、Jヴィレッジ（福島県楢葉《ならは》町《まち》・広野《ひろの》町《まち》）、小名浜《おなはま》コールセンター（火力発電所の燃料である石炭の備蓄基地・福島県いわき市）など15の場所に分けた。

会話の種類はより複雑だ。原子炉、格納容器、注水、ベント、退避、プールへの放水や火災対応、ガソリンや水の補給など31の種類に分けた。性質に関しては、情報共有、問い合わせ、指示・依頼など、13に分類。一つ一つの会話がどのような意味に分類できるのかプロットしていく。

3月13日午前4時53分の福島第一原発・発電班の発言を例に、実際にデータをどのように分類していくか説明してみよう。

「このままだとTAF〔有効燃料頂部〕が5時半、何もしなければ炉心損傷まで9時半、PCV〔格納容器〕の圧力は上がって、設計圧になるのが19時半位のスピード感で動いていかないといけないんで、ひょっとすると、復旧班でやっているSLC〔ホウ酸水注入系〕ポンププラスMUW〔復水補給水系〕ポンプを9時半までにはどうにかしたいのと、●●さんというか、消防署のポンプどうにかなりませんか」

この発言は3号機の原子炉を冷やし続けてきたHPCIの機能が失われたことが免震棟内で共有された後に出たものである。このままの状態が続けば今後どのようにメルトダウンが進行していくのかを予測して、HPCIに替わる原子炉冷却の手段をいかに確保するかについて、免震棟にいる発電班が問題提起したものだ。

この発言は以下のように分類される。会話の場所については「3号機」、会話の種類は

「原子炉」「格納容器」「ベント」「注水」、会話の性質は「情報共有」と「問い合わせ」となる。

もともとは本店と福島第一原発の間で行われている今後のオペレーションに関する情報共有の一環で発言されたものであるため「情報共有」の性質があり、最後に「消防署のポンプどうにかなりませんか」と他の部門に対し消防署が持つ消防車の運搬依頼をしていることから「問い合わせ」の性質も持っている。

このように一つの発言には多種・多様な性質が含まれている。つまり一つ一つの発話を前後の文脈から読み解くとともに、東京電力の事故調査報告書にある時系列や当時計測されていたパラメーターを見ながら分類していく必要がある。この作業は事故そのものの進展や発電班・復旧班など福島第一原発内の関係、専門用語についての知識など、事故全体のあらゆる知識が求められる作業であり、6年間の取材の蓄積が必要であった。

3月13日　置き去りにされた1号機

会話を定量的に分析すると、それぞれの時間帯、どの号機に意識が集中していたか、明確になってきた。例えば3月13日は当初、1号機の注水状況が会話の中心だった。この日の午前2時42分まではHPCIが原子炉を冷やし続けており、3号機への危機感は薄かったためだ。
3号機の危機が訪れる前、吉田ら福島第一原発と東電本店は、テレビ会議で頻繁に連絡をとり、具体的な作業状況を確認しながら1号機への対応にあたっていた。さらに、吉田はやはりバイパスライン、つまり注水ルートの途中の〝抜け道〟に懸念を示し、原子炉内の水位を把握するための水位計も不具合を起こしているという疑いをもっていた。つまり、この時点では、吉田は1号機について、安心しているどころか、むしろ不安をもっていることが分かる。注水状況の確認や現状認識の共有、保安院などの問い合わせへの対応など、1号機に関するやりとりが3月13日の午前0時06分から午前3時52分までは62・8%を占めていた。
テレビ会議の記録から判断すると、吉田が3号機の冷却機能喪失を認識したのは、午前3時52分だった。
吉田「えっとですね、それから変わったことがあったんで、●●、連絡しますけど、3号機」
本店「はい、3号機」
吉田「はい、HPCIがですね、2時44分にですね、いったん停止しました」
〔注：実際のHPCI停止は2時42分だが吉田は2時44分とこの時発言している〕

この発話によって、テレビ会議に参加していた東電関係者がみな「3号機の冷却機能が喪失した」と初めて認識したのである。これ以降、事故対応にあたった東電関係者の関心は、1号機の冷却から、3号機の冷却やベント実施に移ることになる。

ちなみに、実際に3号機が冷却機能を喪失したのは、吉田がテレビ会議で報告した午前3時52分より約1時間前だった。これは3号機の中央制御室と免震棟の情報伝達に時間がかかり、3号機の危機の進行を吉田が把握するまでにタイムラグがあったことを如実に示していた。1時間というのは原子炉内の水位が4分の1程度低下する時間に相当する。

3号機の冷却機能喪失を告げる吉田の発話は、記録に残っているテレビ会議の317番目の発話になる。それまで3号機に関しての発話はトータル31で、わずか9・8％。これに対して同じ時間帯の1号機の発話数は199（全体の62・8％）で、3号機の発話数の6倍以上に及ぶ。3月13日午前3時52分までは、事故対応にあたった東電関係者が、なにより気にかけていたのが1号機、とりわけ消防注水であった。

リスク管理でも未知の領域「連鎖災害」

ところが3号機の危機が明らかになり、事態は一気に変わる。関心が3号機に集中していくのだ。

3号機でのメルトダウンを食い止めるためのオペレーションは非常に複雑だった。東京電力では、3号機の冷却機能が喪失した後、DDFP（ディーゼル駆動消火ポンプ）と呼ばれる、電気がなくとも駆動するポンプで原子炉へ水を注ぐ計画を持っていた。さらに消防車を追加で配備し、DDFPと合わせて核燃料を冷やす水を注ぎ続けるつもりだった。

しかし、DDFPにしても、消防車にしても、いわゆる代替注水手段によって原子炉を冷やすには、まず原子炉の圧力を下げる必要があった。原子炉の圧力が10気圧以上である場合には、消防車で注水しても圧力差によって全く水が入らないからである。原子炉の圧力を下げるには、SR弁と呼ばれるバルブを操作し、原子炉内の蒸気を抜かなくてはならない。そのためには、まず電気が必要で、バッテリーを中央制御室に運び込まなければならなかった。

吉田たちは、さらに、冷却に失敗することを見越して、格納容器を守るためのベントの準備も進めていた。1号機では、メルトダウンが起きた後に、運転員たちが圧力抑制室（サプレッションチェンバー）近傍に設置されているベントのバルブを自らの手で開放することを試みるが、強い放射線に阻まれ現場まではたどり着けなかったのだ。その経験から、3号機はメルトダウンが始まる前からベント実施に備えてバルブを開けておく準備を進めていた。このバルブを操作するには、圧縮空気や若干の交流電源が必要だった。

吉田たちがやらなければならない作業はこれだけではなかった。福島第一原発の構外から調達する消防車の到着時間の確認やオペレーターの手配、そして連続運転に欠かせないガソリンも必要だった。同時並行的に、電源復旧作業も進めていた。

紹介したオペレーションは3号機の対応に係るごく一部であるが、これでも十分複雑であることが理解できるであろう。結果として3号機の冷却機能喪失という情報が共有された3月13日午前3時52分から3月13日午後0時00分までの会話は、3号機に関するものが58・1%、一方で1号機は5・5%まで一気に低下していた。

隣接した複数の原子炉が連続してメルトダウンして事態が加速度的に悪化していく「複数号機同時事故」。これまで世界で起きたスリーマイルアイランド原発やチェルノブイリ原発とは全く異なる福島第一原発事故の特殊性である。阪神・淡路大震災を経験し、さまざまな災害を分析してきた京都大学防災研究所の畑山によると、福島第一原発事故のように重大事故が連続して発生して、連鎖的に事態が悪化していく災害の研究はこれまでほとんどなされたことがないという。

「実は我々の世界でも、連鎖災害に対する研究はあまり進んでいません。何かの事態の悪化から連鎖して次の事態が起こってくるという話は、シナリオとして非常に重要なんですが、最先端の研究でも、単独の災害のメカニズムを分析するところにとどまっています。

今回のように地震と原発事故が連続して発生するような連鎖災害が起きたら、どんなシナリオになるのか、まだ未知の分野なんです。しかも、今回の事故は、原子力発電所内にある隣接する原子炉が次々にメルトダウンしたり、爆発事故を起こしたりして事態が悪化している。これまでの災害の研究の中では、こうした複雑に連鎖する災害は積極的に取り上げられなかった。福島第一原発事故は、私たち防災の専門家に、こうした複雑な連鎖災害にもっとちゃんと取り組むべきではないか、という問いを突きつけているんです」

日本のほとんどの原子力発電所は複数の原子炉が立地しているが、福島第一原発事故が起きる前は、国も電力会社も事故対応にとって利点が大きいと主張してきた。例えば一つの号機で交流電源が失われても、隣接する号機から電源を融通することができる。さらに号機が多ければ多いほど常駐する社員や協力企業も多いため、対応の手が多いというのもメリットだとしてきた。しかし、福島第一原発事故はその認識を根底から覆した。

当初1号機の消防注水に疑問を抱いていた吉田たちは同時多発的に起きた3号機の危機が進行する中で、1号機への疑問を置き去りにしていったのである。この間、1号機では原子炉に水がほとんど入っていなかったのだ。

200キロ離れた場所からの1号機注水への助言

吉田ら事故対応の当事者たちの頭から急速に意識が薄れていった1号機への対応。しかし、テレビ会議を聞き直すと3月13日午後0時、突然1号機の原子炉への注水に関する会話が4時間33分ぶりにあらわれたことに気づいた。きっかけは思わぬ場所からの発話。福島第一原発から200キロ離れた柏崎刈羽原発所長・横村忠幸《よこむらただゆき》だった。吉田とは同期入社の原子力部門の技術者だ。

横村はこの時、吉田ではなく本店で指揮をとっていたフェローの高橋明男《たかはしあきお》（横村の前任の柏崎刈羽原発所長）に呼びかけた。

3月13日午後0時00分のやりとり。

横村「本店、高橋さん」

高橋「はい、どうぞ」

横村「あっ、横村です。こちらでもね、状況をウォッチさせていただいてるんですけども、あの、1F〔福島第一原発〕の1号機のね、本当に入っているのかっていう状況は少しフォローアップしたほうがいいように感じましたのでご連絡します」

3号機の冷却装置停止以降、初めてテレビ会議の場で、1号機への注水の懸念が発言されたのだ。

1号機の原子炉への注水の有効性に疑問を呈したのは、福島第一原発から200㎞離れた柏崎刈羽原子力発電所にいた横村忠幸所長だった（©NHK）

そして会話は次のように続いていく。

高橋「分かりました。海水がね」

横村「はい。はい」

高橋「はい。えっと、それは何だろう。えっと、心配されてるあれは」

横村「ええ。20t／hで入ってるはずなのに、あと、ダウンスケール〔計測限界値以下〕したままですよね」

高橋「ああ、はい」

横村「ということで、ちょっと心配になってました」

高橋「ええ」

横村はテレビ会議で吉田が1号機の注水に関して「少なく見積もると1時間あたり20トンでみている」といった発言を認識していた（3月13日午前3時38分の吉田の発言）。しかし、1号機の原子炉内の水位を示す水位計の数値がいっこうに変化しないことに疑問を抱いていたのだ。横村は対応に追われる福島第一原発のオペレーションを阻害することを避けるためか、吉田に呼びかけるのではなく、事故対応全体の指揮をとる本店と議論を行った。

その会話に吉田が割って入る。

吉田「それが、もう、こっちも気が付いてんだけど、どうしようもねえんだよ。他のパラメーターも、いま、復旧させようと思っても、生きてこないんで、見えてないっていうところです。それで、よく分かんないんです。水はですね、ちゃんと1号機には入ってるというのは、流量計、吐出圧計で確認してるから、入ってるのは間違いないんですよ」

横村「はい、そうですか。分かりました」

ここでまず注目すべきは、本店・福島第一原発が3号機対応に集中するさなか、現場から遠く、発話数の少ない柏崎刈羽の横村が、なぜ1号機の注水状況に危機感を募らせていたか、という点だ。横村の傍らで柏崎刈羽原発からテレビ会議に参加していたナンバー2のユニット所長・五十嵐《いがらし》信二《しんじ》が当時の状況を証言する。

「東日本大震災の際には、柏崎刈羽原子力発電所も複数の原子炉が稼働中でしたが、いち早く安全が確保できたので、非常に落ち着いていました。これに対して、本社は、福島第一原発の事故対応をめぐって、関係部署や政府をはじめとしてさまざまな問い合わせや対応で忙殺されていて余裕がなかった。柏崎刈羽には、そういったことはあまりなく、福島第一、第二の、支援に対して我々は集中できうる環境にあったのです」

確かに、事故当時、本店、福島第一原発には保安院、官邸、そしてマスコミなどからの問い合わせが殺到していた。福島から遠く離れた東京本店であっても、事故対応に集中できる精神的余裕が失われていた。

一方、柏崎刈羽原発は、こうした外部からの問い合わせからほぼ解放されており、純粋に技術的に事態を冷静に見ることができた。その事実が確認できる東京電力の内部文書がある。横村たち柏崎刈羽の情報班がテレビ会議の発話の要旨を時系列で記した記録だ。取材班はその記録を入手。そこには、「1F状況　1号機水位A系DS〔ダウンスケール／計測限界値以下〕、B系でマイナス175cm」と記載されている。柏崎刈羽の横村はテレビ会議や共有される情報から、1号機はずっと注水し続けているにもかかわらず水位計がダウンスケールを示し続けていたことに、疑問を持ち続けていた。

横村が1号機の危機への懸念を切り出した3月13日午後0時00分まで交わされた249 5の会話のうち、横村の発言はわずか10。錯綜する事故対応のなか、横村の数少ない発言の一つは、1号機の事態に再び注目し、対応を行うきっかけとなる可能性を持ったものだった。しかし、この時の横村の懸念は、事故対応にあたった吉田自らが否定したことで、顧みられることなく終わってしまう。

事故対応〝組織〟を巡る課題

結果として正しかった横村の意見はなぜ受け入れられなかったのか。

組織としての事故対応を分析するために、取材班は村上たちＷａｔｓｏｎ開発チームの協力を得て、新たな分析作業にとりかかった。吉田や横村ら、事故対応の当事者たちの会話の〝相関関係〟を量的に分析する試みである。

Watson Explorerの特徴の一つは、データから回答を導き出すその速さにある。人物名や所属、原子力に関する専門用語を「辞書」として登録しておくことで、あとは自然言語処理によって回答を導き出してくれる。事故当事者の会話の相手に関してものの数分で答えを導き出した。

３月末までのテレビ会議の発話数３万４４３２回のうち、トップは、現場責任者の吉田であった。その数は、５５５９（全体の16・１％）。２番はフェローの武黒の３６７８回（10・７％）、３番は常務の小森明生《こもりあきお》の１１９７回（３・５％）だった。いかに、吉田が事故対応の中心であったか端的にデータは示していた。その吉田が横村と会話をしているのは、わずか36回（吉田の発話全体の0・6％）に過ぎない。

吉田の会話相手は本店の幹部に集中していた。15日の統合対策本部設置以降は、本店対策本部の指揮者としての役割を担ったフェローの武黒との会話が最も多く１９８７回。次いで当時の原子力部門のトップで副社長の武藤と５４３回。事故当初から本店の指揮者のサポートに入ったフェローの高橋と４６４回。当時の原子力部門のナンバー2の常務で前の福島第一原発所長だった小森と４４０回であった。こうした幹部を中心とした本店との会話は吉田の発話全体の62％を占める。

東京電力は組織としてどのように事故対応を行ったのか。私たちは、原子力の専門家、防災分野の畑山、そしてデータ分析の過程でテレビ会議の発話記録を詳細に読み込んだ日本ＩＢＭの村上らとともに、Watson Explorerが導き出したデータをもとに複眼的な視点から分析を行うことにした。

吉田の会話相手が本店幹部に集中したことについて、災害時の危機管理の専門家である畑山は、今回の福島第一原発事故とその他の事故・災害対応についてある共通点を見出した。

「多くの組織では、できるだけデータを一元化させて、情報を錯綜させないようにするため、事故や災害対応の際、関係する組織が一つのツリー構造を取るように動きます。東京電力の組織対応もまさにそれで、意思決定のトップは本店なんです」

吉田所長の主な会話相手と回数

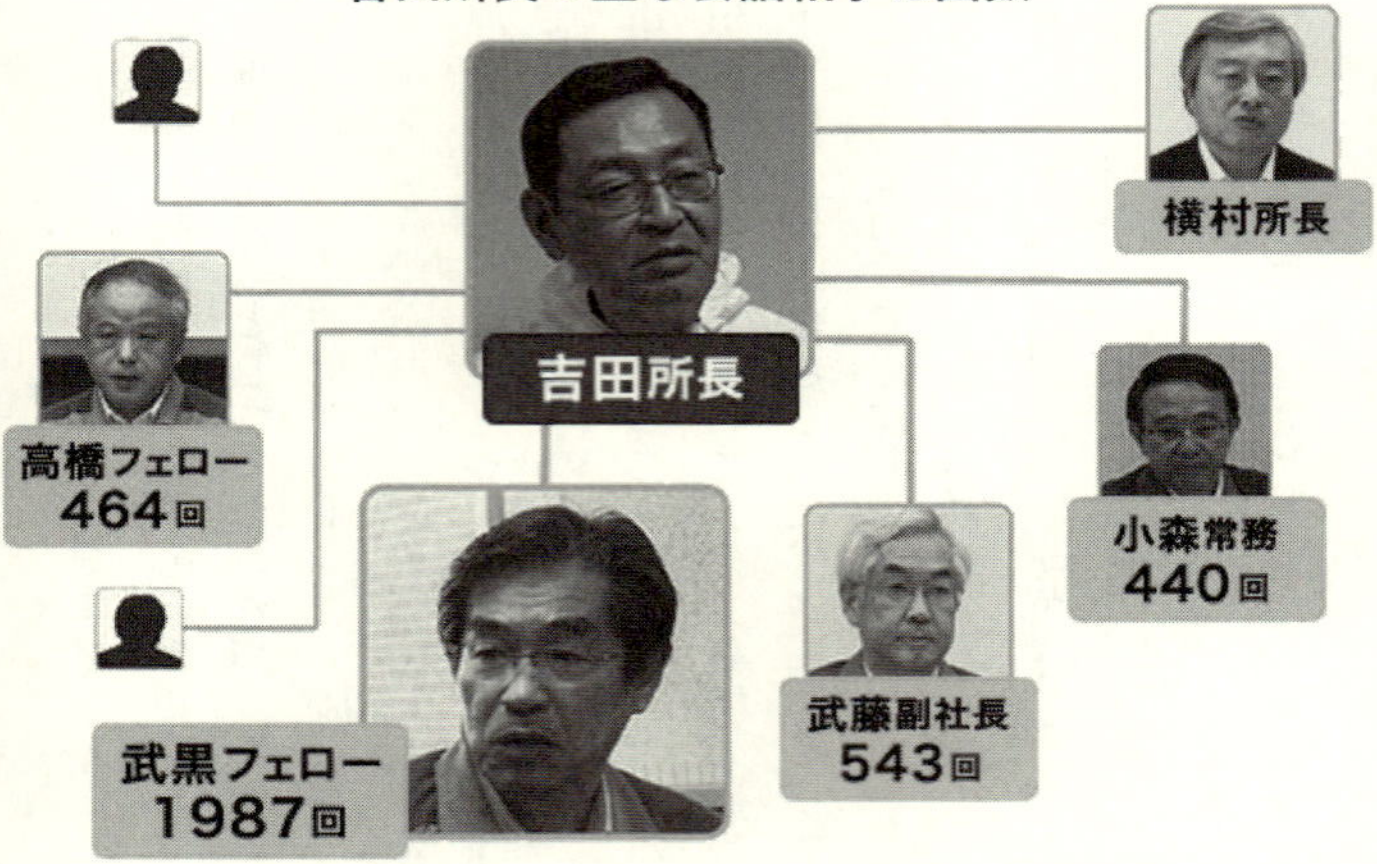

Watson Explorerを用いて、事故発生から2011年3月末までのテレビ会議の発話数3万4432回を解析したところ、吉田所長の会話の大部分は東電の本店幹部と交わしたものだった（©NHK）

東電本店が一元化させた意思決定のツリー構造において、柏崎刈羽は福島第一原発とつながっていない位置づけであった。

畑山はこう分析した。「柏崎は本店にしかつながっていないツリーであって、横のつながりがありません。なので、何か提案しようと思っても、いったん本店に上げてから福島第一原発に下ろすという方向に動かざるを得ません。これは、事故対応のマネージメントを考えると、何も不思議なことではない。ただ、効率はよくないです。当事者どうしが、ダイレクトに意思疎通を行った方がいいに決まってるんですが、今回の事故対応では、それができなかった」

実際に、東京電力が事故調査報告書の中で記した「緊急時体制」についての文書では、福島第一原発とつながっているのは、本店とオフサイトセンターのみであり、テレビ会議を通じて様々な助言や援助の申し出を行った柏崎刈羽原発とは、事前の備えではまったくつながりのない関係であったのである。つまり、柏崎刈羽原発や福島第二原発は、事故対応の際にどのように機能させるか位置づけられていない組織であった。

しかも、3月15日未明、総理大臣の菅が東電本店に乗り込み、政府と東京電力の統合対策本部を設置して以降、本店を中心とした意思決定のラインはより強固になった。電力会社にとっては規制官庁は原子力安全・保安院を所管する経済産業省であり、そのトップの海江田《かいえだ》万里《ばんり》経産大臣が、また総理大臣の名代として細野《ほその》豪志《ごうし》首相補佐官が常駐し、吉田の会話の中心は本店の緊急時対策本部の指揮者が中心となっていった。前述したように、吉田と最も会話を交わしたのは、官邸で東電側の窓口となり、3月15日以降本店での指揮者となった武黒だった。テレビ会議における吉田との会話数（1987回）もダントツに多く、吉田の全会話数の35・7％を占める。

一方で、ツリー構造に組み込まれていない柏崎刈羽だったが、それだけに冷静に事態を見ることが出来ていた。しかし、柏崎の意見は、本店が受け止めて、明確な指示を出さない限り、意思決定の流れの中に入りづらい状態になっていた。

テレビ会議の分析を続けてきた村上が興味深いデータを専門家たちに示した。福島第一原発と柏崎が直接やり取りをしているデータだけを抜き出したものだ。その会話のほとんどは、「了解しました」や「ありがとうございます」とか、業務連絡ともいえる会話だった。

「柏崎刈羽が福島第一原発に対して直接提案した場合、一回本店が、じゃあこうしましょうという形で受けています。意思決定が中央（本店）に委ねられていることがデータからは見てとれます」。村上はそう指摘した。

事故の際、組織の意思決定の方法は大きく分けて二つの形に分類される。ガバナンスとマネージメントである。ガバナンスというのは、複数の意思決定主体がいる中で、それをうまく調和させていくように体制を作る手法、一方で、マネージメントは縦の意思決定のフローを作り、意思決定を一元化していく方法だ。

畑山は「ガバナンス構造をちゃんと持ってたら、柏崎と福島第一原発がダイレクトに話をし、意見交換をすることも出来たかもしれません。しかし、東京電力の組織対応は、マネージメントの体系をとっており、本店を介さずに重要な意思決定を行うことは難しかった」とデータから浮かび上がった組織体系の課題を分析した。

畑山はさらに続ける。

「ガバナンスってややこしい体系のようにも見えますが、簡単に言えば、構成メンバーが自発的に、『自分がこういうことをやれば、みんなハッピーになる』と思うことを、他のメンバーに了解を得ることなくやり始めることです。そうすると、『いつの間にか誰かが対応して、助かりました』っていう状態になる。ただし、ガバナンスが常に最良の結果を生むというわけではなく、ガバナンスの態勢がうまくとれていない組織がそれをやると、『やってほしくなかったことを勝手にやってる』という状態にもなりかねない。ちょっと怖い方法なんです」

今回は、事前に定められたマネージメント中心の組織体系が、統合対策本部の設置によってさらに強固なラインになり、意思決定が一元化された。その中で、吉田たち福島第一原発は本店の意思に従うしかなかったのである。

3月13日午後0時、柏崎刈羽原発所長の横村が憂慮して発話した1号機注水に関する助言は、結局汲《く》み取られることはなかった。そして、3月16日に問題が再燃する。3号機の格納容器の圧力が上昇したことをきっかけに、1号機でも注水量を減らすべきではないかという議論が始まったのである。東電本店は、原子炉に水を入れすぎると、漏れ出した水が格納容器にあふれ、その量が増え続ければベントが出来なくなってしまうことを憂慮していた。核燃料が持つ崩壊熱の熱量とバランスの取れる注水量に消防車からの流量を減らすべきではないかという議論が始まった。

まず意見を求められたのは、本店内で対応にあたっていた「安全屋」と呼ばれる東電社員である。「安全屋」は3月17日午前8時46分、テレビ会議で次のように発言している。

「給水量についてはですね、あの、かなり初期の段階から崩壊熱相当を入れれば、必要容量としては十分であるということで、かなりやってきてますけども。それに対して余裕を持ってですねたくさん注水してきたと。（中略）現在はちょっと多めに入っているので、これを絞っていくという方向が必要だというふうに思っております」

原子炉を冷却するのに十分な給水をしているので、今後は格納容器のベントに備え、消防車からの注水量を絞るべきだというのだ。しかし、この意見に対し、懸念の声があがった。またも柏崎刈羽の所長・横村からだった。

「10ｔ／ｈで入れたからといってドライウェル〔格納容器〕の中が満水状態に近づいているなんていうのは夢の夢物語。全て蒸発しているというふうに見るべきです。ですから、私は非常に細かくてデリケートなその、水位調整を今の水位計とか今の注水した量が全て、ドライウェルの中にたまっているというふうに想定して水位を絞ることには反対です」（3月17日午前9時17分の発言より）

相反する二つの意見でどちらの道を選ぶのか。ここでも採択されたのは意思決定のトップであった本店の意見だった。横村の発言からおよそ3時間後の午後0時すぎ、福島第一原発の幹部が円卓で発話する。「午前中に話がありました海水系の炉心への注入ですけども、これから1号についても絞り操作を行います。1号については流量計がありませんので、現在1MPa〔メガパスカル〕近くで注入する吐出圧を2号機、3号機同様、0・3MPa程度に落としたいと思います」（3月17日午後0時08分の発話）。

これによってさらに注水量が減った1号機。事態はより深刻化し、最新のシミュレーションによると、格納容器内部ではメルトスルーした核燃料が床のコンクリートを溶かし続けていたとみられている。

データが浮かび上がらせた吉田の極限の疲労

テレビ会議の分析を進める中で、村上が「吉田所長ってほとんど寝てないですよね」とつぶやいたことがある。確かに、取材班がテレビ会議を視聴していても、あらゆる時間帯に吉田が登場していた。

吉田の睡眠時間を割り出すために、取材班はWatson Explorerを使って吉田所長の発話を集中的に分析することにした。浮かび上がったのは、衝撃的なデータだった。

6日間で記録が残っている62時間のうち、発話が途切れる時間帯を見てみると、まとま

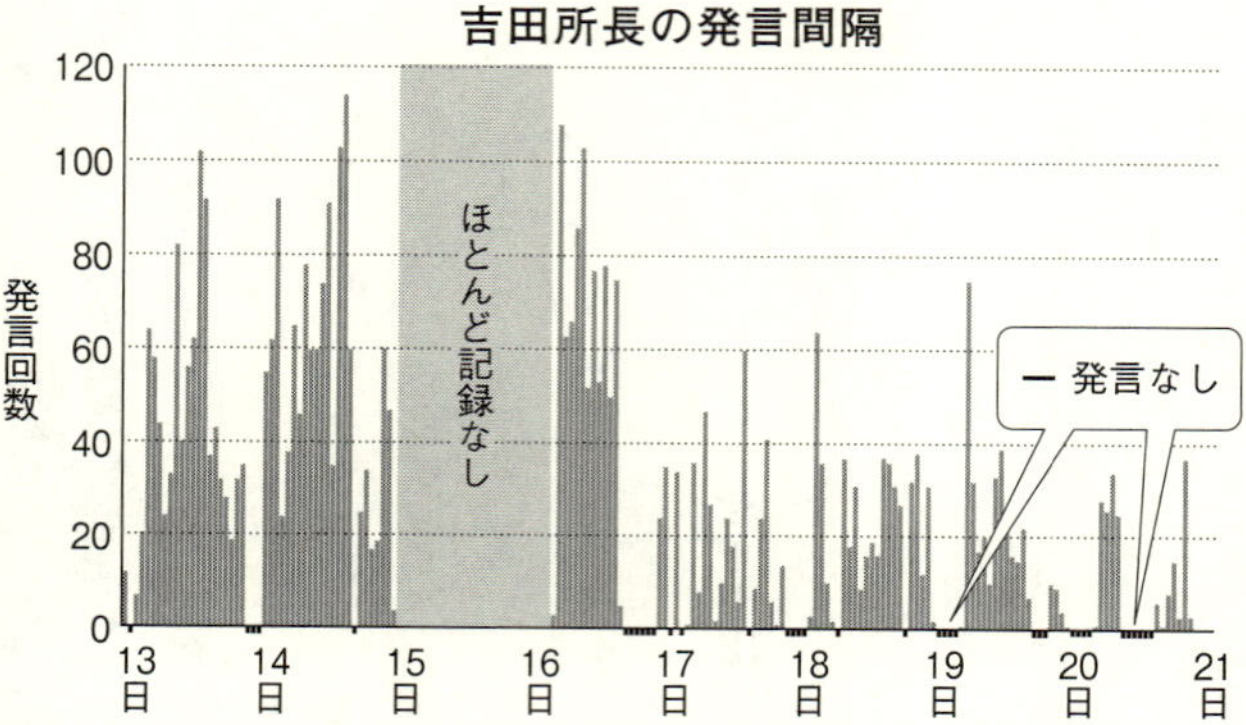

Watson Explorerを用いて吉田所長の発言間隔を調べたところ、記録をとれた6日間の中で、まとまった発話のない時間は5時間しかなかった

った発話がない時間は、わずか5時間。吉田が不眠不休で対応していたことがデータからも浮き彫りになった。

なぜ交代できなかったのか。テレビ会議を読み解いていた畑山は、複数の原子炉や使用済み燃料プールで、同時多発的に、しかも連続的に事態が進行していった福島第一原発事故対応の特殊性と難しさがあったと分析する。

「福島第一原発事故では、複数号機で事故が断続的に発生しています。それぞれが独立しているものであれば、オペレーションごとに責任者を分担して事故対応がとれるのですが、今回のような連鎖災害では、原子炉の冷却も、使用済み核燃料プールへの放水も、電源復旧もあらゆる対応が連関しています。その結果、『こっちの話が分からないとこっちの話ができません』

というような事象が次々に起こります。吉田所長は、全体像を把握しているからこそ最良の解決策が誰よりも早く見えていたはずです。しかし、断片的な情報しか知らなければ、吉田所長のようにはできない。だからこそ、事態がある程度収束するまでは代わるわけにはいかないと、ずっと交代できない状況になってしまった」

実際、吉田の振る舞いを免震棟の中で記録し続けていた警備会社幹部の土屋繁男も「吉田所長がいなくなると、みんながバラバラに動き出す、あるいは物事の意思決定が進まなくなる」と語り、吉田への依存度が極めて高い状態だったと証言する。また別の東電社員は「吉田所長は聖徳太子のようにあらゆる出来事を聞き次々と指示を出していった」と証言する。

しかし、いかに吉田が優れた指導者でも精神的、肉体的限界には抗《あらが》えない。原子力の専門家たちからは、吉田ばかりにあまりに負荷が大きい事故対応に疑問の声が出た。

畑山の見立てはこうだ。

「データを見ていて思ったのは、吉田所長本人も東電本店も、事故対応が『短期間で終わる』と思っていたのかもしれません。そうだとするとこの対応も分かるんです。なぜなら、短期間なら代わらないですべてを分かってる人が一人で差配するのがいちばん効率がいいからです。この人の体力が尽きるまでに事故対応が終わるのであれば、一人でやるほうがよい」

確かに、福島第一原発事故前の日本の電力会社は事故収束に関して狭い想定しか行っていなかった。複数号機同時事故を想定していないばかりか、原子炉の冷却機能の喪失があっても8時間以内に復旧することを前提にして事故対応の組織体系ができ上がっている。例えば、あらゆる冷却機能を動かすことができる非常用ディーゼル発電機が故障した場合でも、8時間以内には必ず復旧し、その間はバッテリーでＨＰＣＩやＲＣＩＣを使用し原子炉の冷却を継続するというシナリオだ。

しかし、短期間で事故を収束するというシナリオは、1号機の水素爆発によってもろくも崩れ去った。実は、冷却機能を回復するために欠かせない電源復旧は3月12日の1号機水素爆発の前、あとわずかのところまで作業が進んでいた。ところが、水素爆発の発生により電源車に接続していたケーブルが損傷し、電源復旧はやり直しとなった。

6年にわたって事故の当事者たちと検証を進めている内藤は、「すぐ終わるなと思っていた矢先に別のイベントが起きて、また何か対策しないといけない。でも、これをやったら終わるはずだ。でも、また何か起きる。終わるはずだと思っていたのが、不測の事態が生じて、また延びて、延びてっていうのが実態」と解説する。

これほど長期にわたる事故対応は、日本が原子力規制の参考としてきたＮＲＣ（米国原子力規制委員会）でも想定していない異常事態だった。ＮＲＣは、福島第一原発事故後に今後の安全対策を見直すために設置されたタスクフォースの提言の中で「指揮命令系統及び意思決定者の資格を評価し、長期ＳＢＯ〔全電源喪失〕または複数ユニット事故または両方に関して正しい施設に適切なレベルの権限及び監視があるか確認する」と原子力事業者に迅速な対策をとることを求めた。

それほどまでに長期にわたる事故対応と複数号機同時事故が世界の原子力関係者に与えた衝撃は大きかったのだ。

吉田所長への過度な依存

１号機の危機に吉田が対応できなかった理由は、あらゆることに吉田が対応していた結果、精神的、肉体的疲労が蓄積し、１号機への意識がおろそかになったことが背景にあったのではないか。

テレビ会議を視聴する中で、取材班はそうした仮説を立て、それをデータで表すことができないか畑山や村上らと検討してみた。対象となる日時をいつにするか、検討する中で、３月16日が候補に挙がった。この日は全時間帯にわたってテレビ会議の音声記録が残っていた。それに加えて15日に原子炉に核燃料がなかった4号機で原子炉建屋が水素爆発を起こすなど、使用済み燃料プールの核燃料にも危機感を募らせていた日であり、対応すべき対象が広がりをみせていた日でもあった。

16日は、東電本店に統合対策本部の設置された翌日でもあった。政府がより関係省庁と連携を強めながら対応にあたることで、自衛隊や機動隊、消防庁など複数の政府機関が事故収束対応のために福島第一原発に駆けつける準備を始めていた。それに加えて、この頃、懸案事項だった本格的な電源復旧工事の準備が、東京電力の送電部門によって整いつつあった。事故対応をめぐるありとあらゆるオペレーションへの迅速な対応と判断が吉田に求められていた。

吉田の発言の何がどの対応に紐付けられるのか。取材班は16日の吉田の発言を辞書として分類することを試みた。まず、吉田が何を行っていたのか、次の14項目に分類した。

●火災　●通報　●広報　●原子炉
●格納容器　●使用済み燃料プール　●土木工事　●1F放射線状況
●資材　●要員　●厚生、食事　●被曝防護
●作業員安全　●5号機、6号機

取材班は、さらにこの項目に紐付けられる用語を抽出した。例えば、原子炉であれば、「給水ライン」「流量計」「AM盤」（中央制御室のアクシデントマネジメント専用の制御盤）「吐出」「消防ポンプ」「海水ポンプ」「中操」「消火ライン」「ホース」などが紐付けられる。

16日の吉田の819に及ぶ発言内容から用語を抽出し、それぞれを分類していく地道な準備作業を行ったうえで、Watson Explorerで解析にかけると、興味深い結果が出た。吉田の発話のなかで、リスクが高いとみられていた使用済み核燃料プールへの対策と火災への対応が同数で1位、さらに、土木工事や資材、放射線安全対策などを合わせるとそれらが全体の60％を超えた。これに対して注水がごくわずかしか入っていなかった1号機をはじめ、原子炉への対応に関する会話は全体の12・8％に過ぎなかったのだ。

あらゆる業務への判断や手配を担う役割を負いながら対応にあたっていた吉田が、1号機の注水状況に集中できていなかったことをデータは如実に示していた。

そして訪れた限界

超人的な体力と精神力で現場の指揮を続けてきた吉田にも限界の時が訪れる。3月20日午前10時53分、吉田はテレビ会議を通じて切り出した。

吉田「本部、本部、本店本部、福島第一吉田です」

吉田所長の発話分類(3月16日)

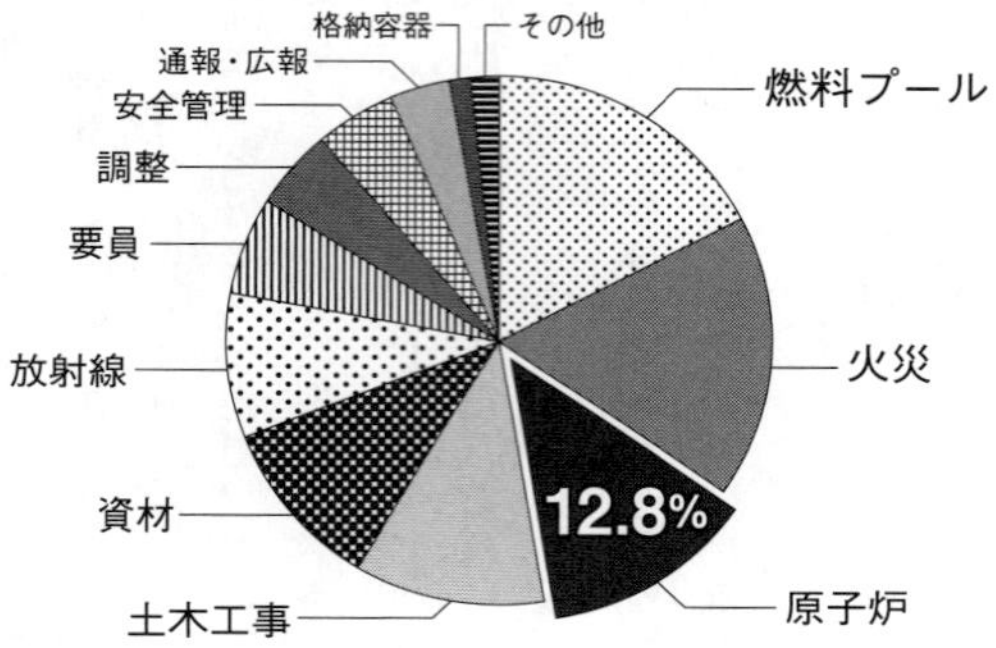

Watson Explorerを用いて、3月16日の吉田所長の全発話を解析したところ、最も優先すべき原子炉に関する発話は全体の12.8%しかなかった

本店「はい、お願い致します」

吉田「すみません、ちょっと私、かなり頭が、目まいがしてきましたので、ちょっと●●君に指揮権を代わります」

本店「はい、了解致しました」

自ら歩くことも困難なほど、気力・体力ともに尽き果てていた様子の吉田。この発言の直後のテレビ会議の映像には、厚生班ら2人の社員に両脇から抱えられるようにして吉田の大きな身体が運ばれていく様が映し出されていた。

この日、吉田の疲労がピークを迎えていたことも人工知能の分析で明らかになった。当初、村上らと検討していた、「あー」「えー」「あの」などの言い詰まりや言いよどみの傾向はこの日特にピークを迎えてはいなかった。

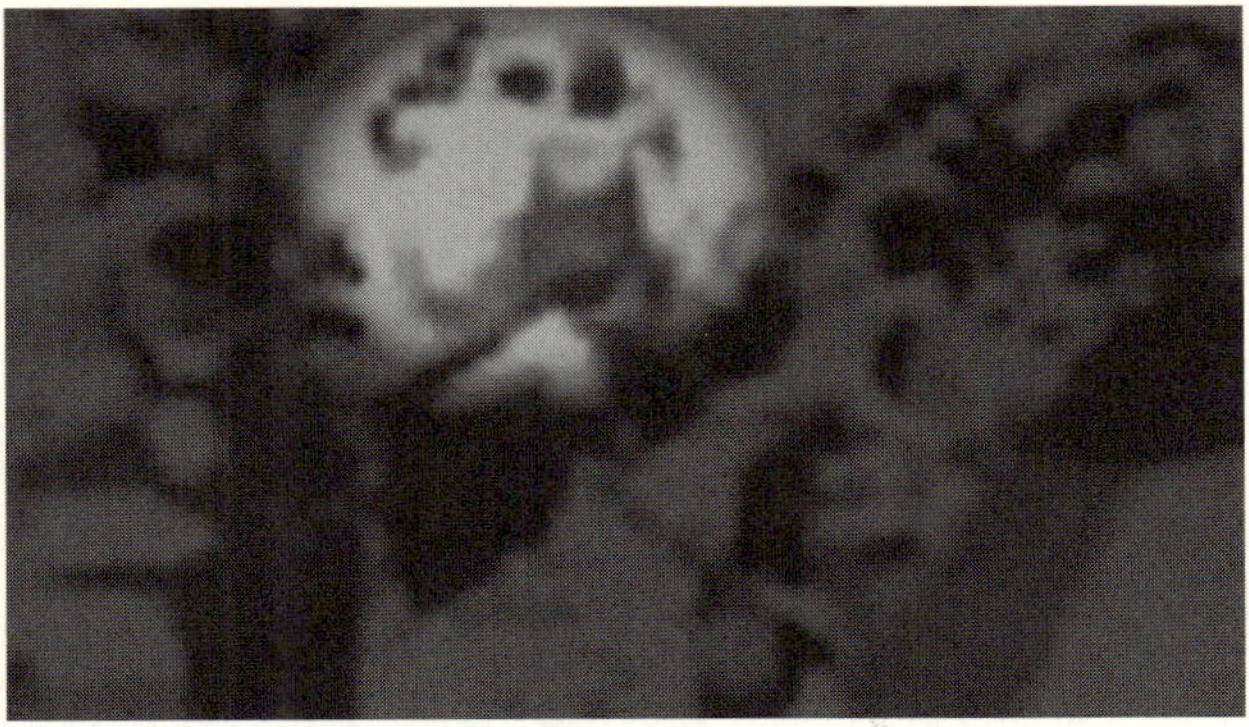

3月20日午前10時54分、体調の異常を訴えた吉田所長は、自ら指揮権の返上を申し出、厚生班など2人の所員に抱きかかえられるようにして、緊急時対策本部を退出した（写真：東京電力テレビ会議映像より）

一方、Ｗａｔｓｏｎ開発チームの若手エンジニア田内《たうち》照輝《てるき》が開発した「繰り返し表現」のトレンド分析によって、この日吉田が疲労のピークを迎えていたことがはっきりと見て取れた。繰り返しの表現とは、「ちが、ちが」「違います、違います」「やら、やらざるをえないんだから」など言葉を繰り返す、言い詰まりにも似た発言である。

この発言が全体の会話数の中でどれだけの割合で現れるか分析すると、事故当初からほとんど変化がなかった数値が、３月20日になって急激に増え、それまでの8倍の頻度で出現していたのだ。

そして、１号機の危機が進行していることに現場が気づいたのは、皮肉にも吉田が医師の診断を受けるために、免震棟を離れている

吉田所長の「言葉の繰り返し」の傾向

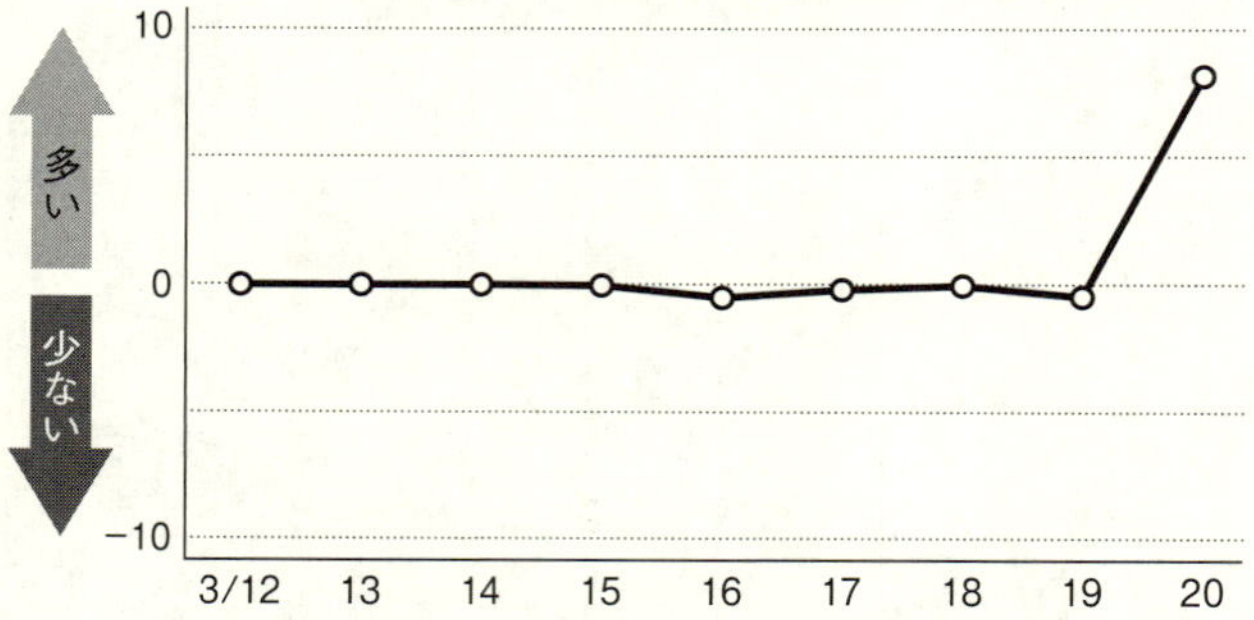

Watson Explorerを用いて、吉田所長の「繰り返し表現」の回数を調べたところ、体調不良を訴えた3月20日に急増していることがわかった

ときだった。この頃、バッテリーを接続することで1号機原子炉周辺の温度が事故後初めて中央制御室で計測出来るようになったためだった。3月20日午後2時前、福島第一原発から本店に衝撃的な状況が告げられた。

「1号機もノズルの温度、えーっとベッセルのボトムヘッドの温度、或いは、そのー、安全弁の排気管の温度、のきなみ、400℃近くまでえっと上昇しているということが分かりました。えっと時刻を違えてえっと2回測定しましたが2回ともほぼ同じような値が出ています。ということでえっとー、1号についても、注入量、原子炉への海水の注入量を増やして、えー、冷却の、えー、機能を強める必要があるというふうに考えています」（3月20日午後1時59分）

事故当初から1号機に必要だったのは注水量の

増加だったことにこの時初めて気付いた福島第一原発。3日前、本店の意見が優先され、1号機への注水量を絞っていたことが誤りだったと気付いた瞬間でもあった。

テレビ会議が問いかけるもの

日本ＩＢＭの技術者の協力を得て、初めてテレビ会議の発話を定量化する試みは、危機管理の専門家である畑山や、内藤ら原子力の専門家たちに大きな衝撃を与えた。

畑山は、地震や津波、豪雨などあらゆる災害現場の最前線で被災者支援を行いながら危機管理の研究を続けてきたが、今回の福島第一原発の特殊性をかみしめていた。

「次から次へとあらゆる事象が、連鎖的に起こる。だから、何となく冷静に見れば切れ目があるように見えるものも、たぶん現場にいると切れ目が見えないという、そういう状況だったんだろうな……。これは、厳しいですね」

内藤は柏崎刈羽の横村の発言を重視していた。事故の悪化を防ぐには、事故対応の組織体系そのものを見直す必要があると感じていた。

「当時の現場の人たちは、当時、彼らが持ってる知識とか、ノウハウとか、技術力をとにかく駆使して、最大限の努力はしたと思うんですよ。でも、結果はこうなってしまった。要するに、冷静に判断できて、冷静な目でアドバイスできる組織。一人の人ではなくて、そういうグループがあって、そして、それを現場が受け入れる。そういう組織体制を確立しないといけない」

分析の最後に、村上が興味深いデータを示してくれた。「はず」という発言の抜き出しだ。正確には把握できていないものの、「おそらくこうであろう」という発言の最後に使われる「はず」という言葉。実は、「はず」に注目したのは、3号機の対応を巡って、電源復旧、原子炉の減圧、注水、ベントなどあらゆるオペレーションが現場の想定通りうまくいかなかった後に、吉田が次のように発言していたためだ。

1F「軽油はあるはずです」

吉田「あるはずじゃなくて、はずはやめよう、はずは。今日ははずで全部、失敗してきたから、確認しましょう、確認。いいですか」(3月13日午前9時47分)

3万4432回の発言の中に、この「はず」は133件あり、原子力部門だけでなく、東京電力の建設部門、配電部門、通信部門などあらゆるセクションの人間がこの「はず」を使っていた。

村上は、「本来確認をして報告をしなければいけないものが、確認ができない状況にあって、『あそこにはたしか3台置いてあるはずです』とか、『水はたまるはずです』といった発言しか、どうしても報告の中ではできなかった。そういう状況にあったと考えられます」と分析している。

これは、今回の事故の本質を示すデータだった。放射線の影響から現場に長く滞在できないことや、水位計に代表される計器が不具合を起こし原子炉の状況が断片的にしか分からないこと、また通信が十分ではなく場所ごとの連絡手段がスムーズに行かない状況では、人は推測でしか事故の現状を判断できない。一方、1号機の核燃料が、現場が事態を把握できない状況でも12日間にわたってコンクリートを侵食し続けていたように、一度制御不能に陥った「核」は、人間の意識の外でも無慈悲に事態を悪化させていく。

「はず」の統計をとっていた村上が興味深い発言をした。

「吉田所長は、はずは絶対だめだ、ちゃんと確認してから言えとおっしゃってるんですけど、実は、発言数が多いからというのもあるんですが、吉田所長本人がいちばん『はず』をおっしゃっていました」

今回のテレビ会議の分析をするために、全会話の文字起こしを行うことを元東芝の原発部門の技術者だった宮野廣に相談したのは2016年10月のことだった。即座に宮野は「もしできることなら、専門家も一般の方も、広く社会に共有できる形で残して欲しい」と取材班に告げた。いまも東京電力の本社でテレビ会議の視聴が許されているのは、メディアの関係者だけである。取材班は2017年3月、NHKのホームページに2011年

3月のテレビ会議の全文起こしを掲載した。

https://www3.nhk.or.jp/news/special/shinsai6genpatsu/index.html

吉田所長の英断に拘泥した国会事故調

政府・国会という二つの公的な事故調はいわゆる“吉田の英断”に注目し、その事実関係の整理に奔走していた。国会事故調で、どれだけの時間がこの1号機への海水注入の再開を巡る論点に費やされたのか。国会事故調が行った東京電力や菅総理大臣への質疑の様子は今でもWebで閲覧することが出来る。以下、どれだけの時間が“3月12日の海水注入”に関する質疑に割かれていたかを一覧で示す。

（肩書きは事故当時）
＊武藤栄　東京電力　副社長（第6回委員会参考人）
　7分10秒（全体2時間49分46秒）
＊武黒一郎　東京電力　フェロー（第8回委員会参考人）
　14分20秒（全体2時間14分10秒）
＊勝俣恒久《かつまたつねひさ》　東京電力　会長（第12回委員会参考人）
　6分52秒（全体2時間51分35秒）
＊菅直人　総理大臣（第16回委員会参考人）
　14分40秒（全体2時間49分）
＊清水正孝《しみずまさたか》　東京電力　社長（第18回委員会参考人）
　8分9秒（全体2時間35分27秒）

５人への聞き取り時間は合計13時間19分58秒。そのうち51分11秒が１号機への海水注入問題に割かれていた。これは５名の聞き取りの合計時間の6.4％に上る。国会事故調による聞き取りは事故発生後の対応だけでなく、事故発生前の安全対策にも多くの時間が割かれていたこと

250ページに続く➡

249ページから続く➡

を考えると、いかにこの問題を重視していたかがわかる。

国会事故調の聞き取りを分析すると、1号機への注水に関わる質疑は、総理官邸や東電本店から吉田への海水注入中断の指示にかかわった当事者へのヒアリング時間が特に長い。

例えば、武黒には国会事故調の委員が「どなたに話を伺っても、当時、海水かどうかは別として、注水が大変重要なことで、一刻一秒を争うために大変な苦労を現場ではされているということですが、それをどうして止められたのですか、そもそも急ぐ必要がなければそんなに騒ぎにならないと思うのですが……」と、海水注入を中断すべきだと吉田に伝えた武黒の対応に対して厳しく詰問していた。一方、注水をした際の実際の量の分析については原子力の専門家が委員にいたにもかかわらず、全くなされていない。

第６章

１号機冷却の「失敗の本質」

福島第一原発事故から私たちは
何を学ぶのか

リーダーと現場の情報共有とは

福島第一原発の事故対応にあたった当事者から話を聞くと、例外なく事故対応の指揮官だった吉田の思い出話となり、その判断やリーダーシップについて、誰もが「優れていた」「立派だった」と語る。免震棟で、危機的場面のたびに、何度も吉田に怒鳴られたというある幹部は「怒鳴っている内容が正しいので、むしろ何とかしようと必死になった」と話し、吉田に怒られたからこそ、困難を乗り越えられたと振り返っている。その吉田は、調書の中で、自分自身が指揮官として合格だったかどうかは、全くわからないと語ったうえで、自分の部下たちについては「日本で有数の手が動く技術屋だった」と讃え、「優秀だった」と繰り返し語っている。

未曾有の事故に対して、有能だったリーダーと現場が双方とも懸命の対応を続けたにもかかわらず、なぜ、事故の拡大は防げなかったのか。本書では、その深層に迫るため、事故から6年が経って新たに得られた証言や、これまで知られてこなかった事実関係の解明にあたってきた。そこから浮かび上がってきたのは、リーダーや現場の個々の人間がどんなに優秀で、最善の努力をしても、その集合体である「組織」がうまく機能しないと、危機を乗り越えられないという重い教訓である。そして、その機能不全には、日本の組織の

複数号機の原子炉が同時多発的にメルトダウンする事故対応の陣頭指揮を執る吉田所長（写真：東京電力）

多くに通じる「弱点」のようなものが潜んでいるのではないだろうか。その象徴的な例が、1号機で唯一残った冷却装置・イソコンが停止しているという重要情報が、免震棟と中央制御室の間で、まるですり抜けるかのように、共有できなかった問題である。

1章で見てきたように、情報共有に失敗した大きな要因の一つに、現場の運転員たちが、イソコンの稼働状況を巡る困難を自分たちだけで抱えて、免震棟に報告する意識が希薄だったことがある。一方、リーダーである吉田は、対応を現場に任せてしまい、情報を積極的にとりにいく姿勢に欠けていたことを自ら反省点として指摘している。そうした組織対応の問題に加えて、中央制御室と免震棟を結ぶ連絡手段が極めて脆弱だったことも大きな問題である。中央制御室と免震棟を結んでいたのは1本の有線電話のみだった。しかも、電話は免震棟の発電班の副班長が受けて、内容に応じて、円卓にいる発電班長に口頭で伝えられる。さらに内容に応じて発電班長から口頭で所長の吉田に伝えられる仕組みだった。テレビ会議システムのように、会議の参加者全員がリアルタイムで情報を共有できるものではなく、伝言ゲームのように、当初の情報が変わってしまったり、間に入る人間の判断によっては、吉田まで伝えられなかったりしてしまう仕組みだった。実は、東京電力は、事故後、柏崎刈羽原発の中央制御室と免震棟の連絡手段を大きく変えている。

緊急時には、1号機から7号機の当直長は、ヘッドセットをつけた携帯電話を繋ぎっぱなしにする。一方、免震棟にいる所長の席には、各号機の会話を聞くことができる7つのスピーカーを置き、各号機の中央制御室での会話を全てリアルタイムで聞こえるようにしたのである。最大で7つもの号機の状況を同時に聞くことになるため、新たなシステムは、「聖徳太子システム」と名付けられている。さすがに、各号機の細かな会話まで把握することはできないが、ある号機で異常が起きた場合、早い段階で気づくことができ、中央制御室のブラックボックス化を防ぐ対策と言える。

事故の反省から連絡システムは一定の改善がなされた。しかし、果たしてそれだけで事は足りるのだろうか。情報共有の失敗の深層を探っていくと、もう一つ見過ごせない問題にたどり着く。それは、原発の運転一筋で育ってきた運転員と、運転経験のないキャリア組の微妙な関係である。

原発の運転員は、通常、地元の工業高校などを卒業し、入社後、何年もかけてシミュレーターで運転操作を教わりながら実地訓練を繰り返して、ふるいにかけられ、優秀な者だけが20代で運転操作の補佐を任され、30代で主機操作員と呼ばれる一人前の運転員となる。40代で主任、副長と階段を上り、50代で運転員を仕切る当直長に就任。現場で職人一筋の人生を歩んでいくのである。

一方、吉田のようなキャリア組は、大学や大学院で原子力工学などを学び、入社後は、本店と現場を行き来しながら、原発の設備管理や安全解析など自らの専門性を磨き、40代から50代にかけて、本店や現場、時には関連会社に出向して、様々なセクションの管理責任を担う役職を経験し、ごく限られた者が50代後半でプラント全体の責任を担うリーダー・原発所長へと上り詰める。キャリア組は、原発というプラントを管理するための経験を積み上げていくが、運転経験はほとんどない。ところが、事故やトラブルといった緊急時に、原発の最前線で対応にあたるのは、運転員である。取材班が、事故対応にあたった運転員から話を聞く機会を得た時、彼らはほぼ例外なく、自分たちこそが原発の操作を知っているという強い自負と、本店や免震棟はさておき、現場を熟知する自分たちが何とかしなければならないという思いについて語った。

一方、免震棟の幹部から話を聞くと、誰もが、たたき上げの職人集団である運転員に対して深い敬意の念を表すのが常だった。吉田も例外ではない。その心情を最も如実に語っているのが、吉田が亡くなる前、公的機関から受けた最後の聞き取り調査の時である。

もう一つの吉田調書から浮かび上がる教訓

吉田は、食道がんで亡くなる1年前の2012年5月14日、入院中の慶應大学病院で、国会事故調の黒川清《くろかわきよし》委員長らから、聞き取り調査を受けている。この内容は非公開になっているが、取材班は、長期にわたる検証取材の中でその全容を入手した。

病床での聞き取りは、何度か、看護師の巡回で中断されるが、およそ1時間半にわたる間、吉田は「俺と一緒に死ぬのはどいつだ」「こいつらだったら一緒に死んでくれるかなと思った」など、時折、死という言葉を口にして、赤裸々に自らの胸のうちを語っている。聞き取りに対して、吉田は、3月11日の地震が起きた時の対応から説明し始め、14日に2号機がメルトダウンした時の緊迫した対応や15日の4号機の水素爆発など、ほぼ時系列に沿って、それぞれの局面でどのような思いで、どう対応したかを率直に語っている。

聞き取りの終盤には、「気持ちとか、90%は、今ので伝わっていると思います」と発言する場面もあり、政府事故調に比べて短時間ではあるが、事故対応や自らの思いを濃密に語り尽くした印象が強い。

聞き取りの際、吉田は、自らがこだわっている事柄には、言葉を選ばずにざっくばらんな口調で熱心に話しているが、とりわけ印象深いのは、事故対応にあたった運転員を褒めたたえていることである。1号機の当直長について、「一番信頼していた」と形容し、事故当時、若い運転員から退避を迫られた時に、当直長自らが頭を下げて残ってくれと頼み、その場をおさめたエピソードを紹介しながら「ほんとに今回当直長とか当直副長クラスが現場で踏みとどまってくれたのはすごい」と讃えている。これが、吉田の率直な運転員への思いであることが窺える。

一方で、運転を知らない人間に対しては、痛烈に批判している。世間に運転操作に批判的な意見があることに触れ、「はらわたが煮えくりかえってくる」と述べ、「わかってるのか、おまえら、運転が」と怒りを隠そうとしなかった。さらに、原発の専門家に対しても「本当に、僕は大学の先生頼りないなと思ったのは、運転わかんないんですもの」と手厳しい言葉を浴びせている。これらの発言から、吉田は、原発の運転経験を極めて重く見ていたことがわかる。聞き取りの中で、運転員の育て方を問われると、吉田は、一人前のオペレーターになるには、8年から10年かかり、会社としてもかなりの金をかけていると答えている。そして、自分自身は、入社直後2週間ほど運転員の研修を受けたことがあるが、運転はできないと説明している。そのうえでプラント全体の責任者は自分だが、「運転そのものに対しては、当直長が責任を持つ」と語っている。吉田は、自分自身は運転ができないから、運転については、中央制御室が責任を持って担っていたという考えを繰り返し語っている。

一連の発言を読み解いていくと、吉田は、自らは経験のない原発の操作を知る運転員を全面的に信頼していたがゆえに、最初の半日間、イソコンの対応を任せきりにしてしまったことが読み取れる。一方、任された運転員は、その責任感ゆえに、難しい局面になっても問題を抱え込み、操作状況を相談したり、報告したりする意識が希薄になってしまったのではないか。のべ28時間にわたった政府事故調の聞き取りの最終日に、吉田はこう語っている。

「当直長だとか、発電の連中は、何とか自分でやろうという人が多いんですよ。それが反面、どんなになっているかという情報が伝わってこない。責任感が強過ぎるものだから、自分でやろうとし過ぎてしまって」

危機対応にあたる組織は、リーダーと現場が刻々と変わる情報を綿密に共有していかないと困難を乗り越えられない。

もちろん現場の運転員を尊重し、一定の裁量を与えるのは重要である。しかし、指示や報告などの指揮命令系統が曖昧になり、事故対応の指揮官が原子炉冷却の帰趨《きすう》を決める現場の判断を把握できなかったのは問題である。リーダーと現場が互いに問題を自分だけで抱え込むことなく、上下関係や専門性を超えて、いわば対等に、情報を出し合い相談し合えるような関係を築きつつ、重要な判断については、最終的にリーダーが責任をもって決定を下す。そうした組織こそが危機に柔軟に対応できるのではないだろうか。危機に対して、人が何を考え、どう行動し、そして何を悔やんでいるのか。遺された吉田の言葉を丁寧に読み解いていくと、様々な組織に通じる普遍的な教訓が浮かび上がってくる。

時間を超えた情報共有

危機対応の際に情報共有がいかに大切かは言うまでもないが、検証取材を続けていると、安全を保つためには、時間を超えて情報を共有する必要があることを痛感させられる時がある。

その最たるものが、2章と3章で明らかにしてきたイソコンの設定圧を巡る問題である。イソコンは、1号機が運転を開始した1971年は、トラブルの際、最初に動く冷却装置と設定されていたが、1981年には、別の装置が最初に動くよう設定が変えられ、長らく動かなくなっていた。ところが、事故の8ヵ月前の2010年に、再び、最も早く動くよう設定を変更されていた。このように40年の間に、イソコンの設定圧や位置づけが何度も変えられてきたことを、専門家は、「場当たり的な対応で全体を貫く視点がなかった」と厳しく批判している。原子力工学が専門の法政大学客員教授の宮野廣は、「記録などをちゃんと確認して、安全に対して統一した考え方をとるべきだった」と指摘している。

さらに、アメリカでは、1970年代には5年に一度イソコンを運転中に動かす実動作試験を行うよう電力会社に求める事実上の規制があったのに対し、日本には、そうした規制はなく、福島第一原発では、40年近くイソコンが全く動かない状態が続いていた。事故が起きてイソコンが動いた時、福島第一原発では、実際にイソコンを動かしたり、見たりした社員は一人もいなかったのである。

事故の検証を続けている東京海洋大学教授の刑部真弘は、「運転員がイソコンを動かした経験があるかないかで、非常時にどう対応できるか差が大きい。実動作試験をすべきだった」と指摘している。東京電力も、津波に襲われた後、イソコンが動いているかどうか判断するため、イソコンの排気口、ブタの鼻から出る蒸気を確認した際、動いていないのに動いていると見誤ったのは、実動作試験をしてこなかったためと認めている。

なぜ、重要な安全装置であるイソコンの設定が揺らいできたのか。そして、実動作試験など十分な備えをしてこなかったのか。そこには、組織が、40年の時間経過の中で、重要な情報や技術を伝承出来ていなかったという問題が潜んでいる。それは、まさしく時間を超えた情報共有が出来ていなかったことを意味する。その深層には何があるのか。

記録の欠如

なぜ、時間を超えた情報共有が出来なかったのか。その最大の理由は、記録の欠如にある。取材班が東京電力に、イソコンの設定の変遷の記録を求めたところ、1981年に設定を変更していた数値の記録だけが見つかったが、どのような理由で、誰がどう議論して決めたのか、資料を探したが、見つからなかったと回答した。旧原子力安全委員会や旧原子力安全・保安院の文書を引き継いでいる原子力規制庁にも記録が残されていないか、取材班は、様々な情報公開請求をしたが、数値の記録しか見つからなかった。

原発の設備に関わる記録は、電力会社が国や立地自治体に提出する「設置変更許可申請書」や「保安規定変更届出書」、それに「工事計画認可申請書」に記されている。ところが、公開されたこれらの文書を読み込んでも、その時点でのイソコンの設定圧の数値がかろうじて記されているだけで、その前の数値がどうなっていたかとか、いつ変更したのかという記述は全くなかった。ましてや、なぜ変更したのかという理由については、どこを探しても見つからなかった。

さらに、今回の取材で、福島第一原発の運転開始から少なくとも2年くらいの間は、実動作試験を行っていたという新たな証言を得たが、東京電力は、そうした記録もないと回答している。

実動作試験は、稼働前の1970年11月から実施した起動前試験の時に行っただけで、1971年3月の運転開始の後は、記録がないというのだ。しかし、1972年に入社し、福島第一原発の発電課に配属された北山一美は、1973年頃までの間、少なくとも2回、イソコンの実動作試験に参加したと明言している。北山は、後に柏崎刈羽原発の発電部長を務め、退職後は母校の東京工業大学で特任教授などとして、事故の分析も続けている。原発の機器に精通している技術者であり、証言の信憑性は極めて高い。

北山は、「実動作試験は、周辺住民に迷惑がかからないよう、いつも深夜に行われ、ブタの鼻からは、夜目にも白く蒸気が出ていたことをはっきり覚えている」と証言している。試験の目的について、北山は、イソコンの機器の動作状況を確かめるとともに、運転員の訓練の意味もあり、「自分は、ブタの鼻からの蒸気を確認して、中央制御室に有線電話で連絡する役割だった」と述べている。

だとすると、専門家が運転員の教育や経験のために必要だったと指摘する実動作試験が、運転が始まった当初には行われていたということになる。これは、極めて重要な意味を持つ。こうした実動作試験は、いつ、どのように行われ、いつ、どのような理由でなくなったのか。検証が求められるが、東京電力は、記録が残されていないという。

北山は、その後、異動で本社と福島第一原発の間を行き来し、1981年の設定変更の際は、福島第一原発の技術課副長の立場にあった。取材班が、この時の変更について質問すると、まったく知らなかったと驚きを隠せない様子だった。そのうえで、「こうした重要な変更は、技術検討書のようなものを書いて、理由や目的を意思決定する上層部にきちんと理解してもらうとともに、関係する技術者や現場の人たちに周知するのが普通のやり方ではないか」と強い調子で語った。

北山が言う「技術検討書」は、果たして、書かれたのだろうか。記録が見つからない限り、真相はわからない。もし、書かれていないとすると、原発の安全装置に関わる重要な変更が、非常に曖昧な形で決定され、周知も十分されなかったことになる。さらに、「技術検討書」のような記録が、まったく見つからないということは、重要な方針転換の意味や目的が、組織の次の世代に引き継がれていないことを意味するのではないだろうか。

これに対して、アメリカでは、福島第一原発1号機と同型機のドレスデン原発2号機で、1969年に作成された「技術仕様書」がNRCの公文書館に保管されていた。公開された「技術仕様書」には、イソコンの実動作試験が行われていることが明記され、試験の目的や方法、さらに5年に一度のペースで実施されることまで詳しく記されていた。

公文書の記録と公開を義務づけた情報公開法が、アメリカで施行されたのは、１９６７年。日本での施行は、実に34年後の２００１年である。一般に日本の組織は、文書を記録し、保管しておくという意識が、欧米に比べて淡泊である。しかし、安全に関わることで、組織の中で些細なことでも問題が生じ、何らかの方針転換をした時、その経緯や理由を詳細に記録して保管しておかないと、10年、20年と時が過ぎゆくなかで、その方針転換を決定した人間や経緯を知る人間が異動や退職などでいなくなっていき、次第に方針転換の意味が不鮮明になってくる。時が経過するうちに、組織の中で、時間を超えた情報共有に失敗し、安全について技術継承ができなくなっていくのである。その結果、再び同じような問題に直面した時に、過去の方針転換を知らない次の世代の組織の人間は、安全に対して統一した考え方を取ることができなくなる。それは、安全を脅かす結果につながりかねない。

それを防ぐためには、組織内での公的文書の記録と保管の徹底が必要なはずである。福島第一原発のイソコンを巡る40年の変遷は、記録の欠如が、時として安全を脅かすことになるという重い教訓を突きつけている。

語られなかった困難

福島第一原発の事故対応にあたった当事者に長時間にわたって話を聞いていくと、各種の事故調査報告書や吉田調書のような公的な記録には一切記されていないが、多くの人の口から「とにかくひどかった」「今後は変えてほしい」としみじみ語られる事柄がある。それは、食事についてである。

食事は、事故当初1日2回しか配られず、メニューもクラッカー20枚と缶詰1個程度だったという。これだと、摂取できるカロリーは、1日およそ900キロカロリーしかない。成人男性に必要な1日およそ2000キロカロリーの半分以下である。カロリーだけを考えても、体力も知力もかなりのエネルギーを消費する事故対応に見合うものとは、とても言えない乏しい食事だったのである。

事故直後、免震棟にいた協力企業の警備会社幹部の土屋繁男は、当時、見聞きしたことを克明にメモにしていたが、食事についても記録している。メモによると、事故3日目の3月13日は、午後1時半に、朝食と昼食を兼ねて、クラッカー1袋に牛肉のやまと煮の缶詰1個、ペットボトルの水2リットル。夕食は、午後8時半、袋の中に水を注ぐとカレーピラフや五目飯ができるマジックライスと呼ばれるレトルト食品が配られている。翌14日は、やはり朝昼兼用で午後1時35分に、クラッカー1袋とサンマの缶詰。水はなしと書かれている。

土屋は、高血圧の症状があり、医師から薬の服用と定期的に十分な水分をとるよう指示されていたため、食事を配る東京電力の総務社員に水を求めたが、水が足りないので我慢してほしいと言われたという。

事故4日目の14日夜まで福島第一原発には、協力企業の社員を含めて少なくとも800人ほどが残っていたが、事故が起きた時、食糧や水は、緊急対策要員およそ400人の2〜3日程度分しか備蓄されていなかったとみられる。免震棟の周辺は、度重なる水素爆発で、放射性物質に汚染され、本店からの食糧援助をいつ運び込むことができるかわからなかったため、事故5日目の3月15日まで、食事は1日2回、クラッカーと缶詰、水はペットボトル2リットルに節約せざるを得ず、質的にも量的にも極めて乏しくなったのである。15日以降に、ようやく免震棟に食糧を積んだヘリやトラックが到着し、当時免震棟にいた社員の一人は、「事故何日目か忘れたが、ひもを引っ張ると、石灰と水があわさって発熱することで、ご飯とおかずが温まる弁当が届き、あの時は、すごく美味しく感じた」と感慨深げに語った。このように、生きるか死ぬかの緊急対応をしているのに、食事は、あまりにもお寒い内容だったのである。「食欲がわかなくなり、10キロ近く体重が落ちた」

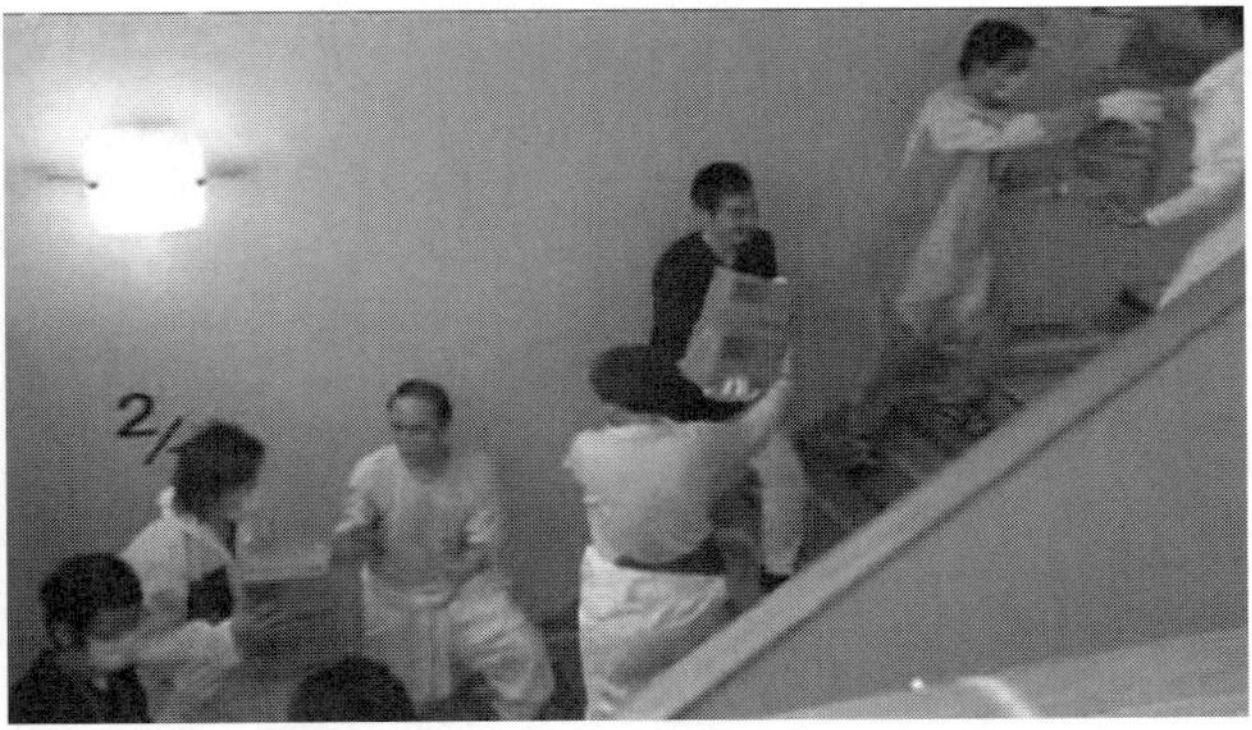
免震棟内で生活物資をバケツリレーする職員たち。生活物資の支援は不十分で、職員たちは苦難を強いられた（写真：東京電力）

と振り返った幹部もいた。

睡眠についても極めて過酷な状況が続いた。多くの社員は、事故から5日目までは、ほとんど不眠不休の対応を強いられ、床や椅子の上で、わずかに仮眠するだけだった。

ある幹部からは、取材中に「人間は、本当に一睡もせずに、何時間まともに仕事ができるかわかりますか？」と聞かれたことがある。答えあぐねていると「36時間」という答えが返ってきた。「今回でわかりました。人間は36時間経つと意識を失います」この幹部によると、地震が起きた11日午後2時46分から緊急対応が始まるが、ほぼ24時間経った12日午後3時36分に1号機が水素爆発する。文字通り、不眠不休の対応が続き、夜半には、なんとか海水を消防車で注入できるようになる。ちょうど、まる1日半、36時間経過した13日の午前2時半すぎ、幹部は、椅子に座ったまま突然意識を失い、深い眠りに落ちた。後に、テレビ会議の映像を確認すると、この時間帯は、自分の周辺の誰もが椅子に座ったまま寝ている姿が映っていたという。

しかし、これもつかの間、すぐにたたき起こされることになる。午前3時50分すぎ、免震棟に、3号機の原子炉を冷却していたHPCI（高圧注水系）が停止してしまったと緊急連絡が入ったためだ。眠りから現実に呼び戻された幹部たちは、再び不眠不休の対応を強いられていく。

この後、福島第一原発では、14日午前11時すぎに3号機が水素爆発。15日午前6時すぎに4号機が水素爆発。さらに2号機の放射性物質大量放出と、複数の号機が連鎖的に悪化に陥っていく。事故対応にあたった誰もが、仮眠すらとることができず、慢性的な睡眠不足の中で、限界を超える苛烈とも言える対応と判断を迫られていくのである。

免震棟や中央制御室では、こうした過酷な状況にもかかわらず懸命に事故対応を続けたが、それを美談に終わらせずに、冷静に分析しているのが、アメリカである。

事故後、東京電力の社員たちにヒアリングを重ねて来た米国原子力発電運転協会の報告書は「運転員は3日間不眠で勤務し、その多くは家族の状況すら把握していなかった。また、免震棟の人員は、何週間にもわたり、限られた休憩時間だけで、任務にとどまった」

と指摘したうえで、長時間対応に十分な人員や支援の態勢をあらかじめ定めていなかったことを問題視している。報告書からは、アメリカでは、長時間にわたる事故対応を想定して、交代要員を含めた十分な人員態勢や物資の支援態勢を事前に計画しておくことは、危機対応の初歩中の初歩だと考えていることがわかる。しかし、福島第一原発では、過酷事故を想定した支援計画が事前に十分に練られていたとは言えない。その結果、事故の際に極めて乏しい支援になったことは否めない。

十分な人員や物資の支援もなく、長期間にわたって厳しい環境での事故対応を強いられた当事者たちが、「これだけは、本当にうれしかった」と異口同音に語る政府の対応がある。船のホテルの支援である。事故から10日経った3月21日、福島第一原発から60キロ離れたいわき市の小名浜港に独立行政法人・航海訓練所の練習船・海王丸が横付けされた。海王丸には、温かい食事を出す食堂に、風呂とシャワー、清潔なシーツに包まれたベッドが完備されていた。政府は、海王丸を事故対応にあたっている人たちの臨時の宿泊所にしたのである。海王丸には続々と東電社員たちが乗り込んだ。そこで、カレーライスと新鮮な野菜サラダに舌鼓を打ち、事故後、初めて疲れた身体を湯船に浸し、ベッドでゆっくりと眠ることができたのである。ただ、当事者の誰もが、もっと早くこうした支援がほしかったと語っている。

海王丸には、吉田も乗り込んでいる。事故発生以来、まさに不眠不休で事故対応の指揮にあたってきたリーダーが、実におよそ2週間ぶりに免震棟から外に出て、つかの間ではあるが、疲弊しきった身体を休めることができたのである。

72時間のデッドライン

5章で詳しく見てきたように、現場トップの吉田の元には、事故発生以来、福島第一原発の各部署からありとあらゆる報告や情報が集まり、膨大な指示や命令をしなければならなかった。それだけでなく東京の本店からも、様々な問い合わせや細かな指示や命令が殺到し、難しい判断を迫られた。さらに、政府からも直接、問い合わせの電話がかかってきたり、時には、旧原子力安全委員会の班目委員長が突然事故対応に口を出してきたりして、指揮命令系統が混乱することもたびたびだった。

取材班が東京電力のテレビ会議の音声記録について、記録が残っている3月12日から31日の20日間（注：東京電力は、11日は記録がなく、12日と15日もほとんど記録がないと説明）を分析したところ、会話の総数は、3万4432回。最も多かったのは、ダントツで所長の吉田の5559回だった。

この間、吉田の発言がまとまって途切れる時間は、記録が残っている62時間のうちわずか5時間で、ほとんど仮眠がとれずに、文字通りほぼ不眠不休で対応にあたっていたことが、発言の分析から裏付けられた。事故から10日目の20日午前11時頃、吉田は、突然、本部を呼び出し「すみません、ちょっと私、かなり頭が、目まいがしてきましたので、指揮権を代わります」と体調不良を訴え、社員に抱えられながら免震棟の医務室に運ばれ、一時、事故対応の指揮を交代する場面もあった。

事故直後、免震棟に残り、メモをとり続けていた警備会社幹部の土屋は、事故4日目の14日あたりから、目に見えて吉田が疲弊してきたことを記憶している。事故3日目の13日までは、対応に手間取る部下に対して大声を出して怒鳴るように指示する場面が多かったが、14日になると、大声を出す場面はめっきり減り、口数も少なくなり疲労が隠せなくなってきたと証言している。

災害対応でもそうだが、一般に短期的な緊急対応は、最長でも72時間が限度で、72時間を超えると交代を含めて態勢を変えることを考えなくてはいけないと言われている。福島第一原発の事故の場合、14日午後2時46分が、地震発生から72時間で、土屋の証言は、一般に言われている緊急対応の「72時間のデッドライン」という限界時間と符合する。

72時間を2時間あまり過ぎた14日午後5時30分。土屋のメモには、「吉田所長ダウン」という記述がある。吉田はヘビースモーカーで、事故対応の間も、気持ちを落ち着けるためか、時折、免震棟1階の喫煙室でタバコを吸うことがあり、土屋はしばしばその姿を目撃していた。

ところが、14日午後5時半頃、吉田はタバコを吸った後、免震棟の円卓の自席に戻らずに、2階の廊下の脇にある小部屋に入ったまま出てこなくなったという。心配した土屋がのぞいてみると、180センチをこえる吉田が長身をごろんと転がすように床に横にして、疲れ切った表情で、目をつむっていたという。吉田は、10分程度横たわっていたが、再び身体を起こして、自席に戻り、土屋を安心させるが、この時、にわかに感じた強い不安を鮮明に覚えていると、次のように語っている。

「吉田所長が、それまで全て受け答えをして、統制がとれて物事が動いていたと思うんです。ところが吉田所長がいなくなると、それぞれの班でいろんな対策をしているんだけど、お互いの班で情報共有できないような雰囲気に見えたんです。強力なリーダーがいれば、目的に向かって動いていくんだけど、リーダーがいなくなると、統制がにわかに乱れるように見えたんですよ」

この午後5時30分の局面は、2号機が冷却できないという危機的な時間帯だった。14日の午後に入ってそれまでなんとか動いていた冷却装置RCICが停止してしまったのだ。このため、2号機の原子炉を減圧して、消防車のポンプ圧力で注水する必要に迫られていた。ところが、午後4時半すぎに、減圧装置のSR弁を開こうとしたが、なかなか開かず、このままでは1号機、3号機に続いて2号機もメルトダウンしてしまう危機が迫っていた。午後5時台は、免震棟は、中央制御室で懸命に行われているSR弁の開放作業に様々指示をしながら、SR弁開放の報告をじりじりした思いで待っているという時で、吉田が「もう後は神様に祈るだけだった」と形容するような時間帯だった。

この時のテレビ会議の記録を見ると、確かに吉田は、午後4時42分の発言を最後に、午後5時台は、一度も発言していない。午後6時すぎ、何とかSR弁が開き、2号機は危機を脱するが、この時、およそ1時間半ぶりに「減圧開始したみたいです」と吉田が発言している。土屋のメモと証言からは、この膠着《こうちゃく》状態の局面でも吉田は、いったんは事故対応の指揮を外れて、わずかでも仮眠を取らないと身が持たないくらい疲弊していた可能性があったことが浮かび上がってくる。

取材班とともに、テレビ会議の発言を分析した京都大学防災研究所教授の畑山満則も、72時間を過ぎたら、交代も含めて態勢を変えていくのが災害や大事故での危機対応の定石だと指摘している。

ただ、テレビ会議を読み解いてきた畑山は、「吉田所長は代わりたくても代われないし、周りも代わった方がいいと思っていたけど、現実的にそれができない状態に陥っていたのではないか」と分析している。

吉田は、様々な事象に対して、瞬時に判断し、明確な指示を出していて、危機対応において、頼りがいのある優秀なリーダーだったと多くの関係者が証言している。畑山は、吉田が優秀なリーダーだったゆえに、余人をもって代え難い存在となってしまったとみている。次から次へと新たな危機が起きる中で、新たに起きた危機はその前に起きたどの事象と関連している、という細かな経緯を理解できているのが、吉田だけになってしまい、結局ずっと代わることができなかったというのだ。そのうえで、畑山は、「危機対応が長期化する時はどんなに優秀だったとしても、リーダーが倒れた時では遅く、最初は、リーダー一人でやっていても、どこかで権限を委譲し、少しずつ権限を分散していくことが必要だ」と提言している。

緊急時の指揮体制とは？

実は、東京電力は、事故の反省から原発の緊急対応の体制を大幅に変えている。新たな体制は、アメリカの軍隊や警察・消防などの緊急組織体制から学んだもので、2013年3月に公表した「原子力安全改革プラン」の中で説明している。その中で、福島第一原発事故で、現場が混乱し、迅速・的確な意思決定ができなかった要因として、免震棟での情報共有と指揮命令系統が混乱したことを反省している。そのうえで所長からの権限委譲が適切でなく、ほとんどの判断を所長が行う体制になっていたことを大きな問題だととらえている。トップに位置する所長が、発電班、復旧班、総務班など12もの班を全てフラットな形で管理する体制が、あらゆる情報が所長に集中し、情報の輻輳《ふくそう》と混乱をきたした大きな原因だとしている。

新たに作った柏崎刈羽原発の緊急対応体制は、「所長が事故対応の総責任者で、その指示と要請にしたがって全ての事故対応が実施される」と定義したうえで、所長が実際に指示するのは、実務と後方支援を担当する5人のリーダーに限ることにしている。5人とは、1～4号復旧統括、5～7号復旧統括、計画・情報統括、資材担当、総務担当である。そして最終的な対応責任は、現場指揮官である所長にあたえ、「たとえ上位組織・上位職者であっても周辺はそのサポートに徹する役割を分担する」としている。ここには但《ただ》し書きで、「アメリカの場合、たとえ大統領であっても現場指揮官に命令することはできない」と強調している。本店についても所長の支援要請に基づいて活動することを原則とし、事故対応に対する細かな指示や命令を行わないと明言している。

また、アメリカを見習って、緊急対応する要員は、交代可能な体制とし、事故発生から72時間を、外部の機関から全面的な支援を受ける時期の目安と規定している。初動対応の要員数も予め決めておき、非番の者は必ず交代まで自宅などに待機させ発電所に滞在させないと明記している。これは、初期対応に人が集まりすぎると、対応が長期化した時に、交代要員が足りなくなったり、備蓄した食糧や水が不足したりする問題を防ぐための措置で、そこには福島第一原発事故の苦い経験が横たわっている。

危機対応トップの所長についても、指揮命令系統を整理して、情報が集中しすぎないようにしているほか、権限も一部を委譲し、負担を軽くしようとしている。東京電力は、その後も柏崎刈羽原発の再稼働を審査する原子力規制委員会の会合の中で、危機対応の計画を明らかにしている。計画では、事故発生から7日間は、外部の支援がなくても、原則として12時間交代でローテーションが組めるよう対策要員を確保し、現場トップの所長についても、4～5人の代行者を決めておき、12時間交代で対応できるようにすることにしている。

元東京電力常務で、福島第一原発の所長経験がある二見常夫も、一定の時間が経過したら、所長は、心身の限界を考慮し、副所長などと交代して、休む体制をとるべきだと指摘している。

ただ、その一方で、二見は、あの事故の際は、所長はなかなか交代できなかったとも指摘している。所員の安全を守るという重要な判断を常に迫られていたからだ。

「吉田の考えには、いつも所員の命が中心にあった。だからこそ、部下は、吉田のリーダーシップを信頼していた」と振り返っている。

事故対応か？　現場の命か？

吉田は、国会事故調の聞き取りの最終盤で、事故を振り返って、所長の判断で最も大切なものは何かを、つくづく考えた末の結論として、次のように語っている。

「やっぱり発電所にいる人の命なんですよ。これを守らないと周辺の人の命も守れない」

吉田は、聞き取りの中で、事故から1ヵ月ほど経った4月、本店が水素爆発を防ぐために格納容器にチッ素ガスを注入する計画を持ち出した時の話をしている。最終的に4月7日からチッ素は注入されるのだが、吉田は、なぜか一貫して反対し続け、本店と結んだテレビ会議に、サングラスをかけて登場し、ふんぞり返るように席について無言のまま反抗の態度を見せる時もあり、みなを驚かせる一幕もあった。当時、大量のチッ素ガスを注入することで、何らかの異常が起きることを吉田は強く懸念したのではないかと言われていた。しかし、聞き取りの中で、吉田は、「エンジニアとして爆発なんか絶対しないと思っていた」と発言している。吉田が怒ったのは、本店が万一のために、注入開始の時、自衛隊を退避させると言ったことだったと打ち明けている。このことに「ブチ切れた」と形容し、「じゃあチッ素のスイッチは誰が押すんだ。現場に押せと言うのか。どういう感覚で現場のことを考えているのか」と興奮冷めやらぬ様子で語っている。事故対応の最前線にある現場の安全を本店は真剣に考えているのか。吉田は、そこに怒っていたのである。「事故対応か？　現場の命か？」現場トップの吉田は、この究極の問いを何度も突きつけられ、押しつぶされそうになってきた。

事故4日目の14日午前6時半。3号機の格納容器圧力が高まり、1号機に続いて水素爆発のおそれが出てきたため、吉田は、3号機周辺の作業からの退避を指示する。しかし、その後、圧力が安定してきたことから、本店から消防注水のための作業再開について考えるよう促され、吉田は「危険作業という意味で言えば、現場敷地に人を配置するというのは、極めて難しいと思う」と抵抗するが、本店との議論の末、午前7時35分に退避指示を解除する。およそ3時間後、3号機は水素爆発を起こす。吉田調書の中で、当初40人あまりが行方不明と連絡が入った時、吉田は「私、そのとき死のうと思いました。そこで腹切ろうと思っていました」と打ち明けている。まさに奇跡的としか言いようがないが、けが人11人、死者はいないと判明した時の思いを、吉田は「仏様のお陰としか思えない」と語っている。

しかも、このわずか1時間後には、2号機の冷却機能が失われ、吉田は、免震棟の円卓前

精神的にも肉体的にも極限状況に追い込まれた吉田所長（写真：東京電力）。3号機の水素爆発の際には、責任をとって自死することも考えた

に部下を集め「本当に申し訳ないが、もう一度頑張ってほしい」と2号機周辺で作業を行う志願者を募らなければならなかった。そして何人もが「自分が行く」と自ら手をあげるのである。

福島第一原発の所長を務め、吉田とも交友が深かった二見は「吉田は、事故対応に命をかけて最善を尽くしていた。その吉田が言うから自分はついていったと振り返る部下は非常に多い」と語っている。

事故対応か？　現場の命か？　この究極の問いは、深刻な原発事故が起きた時、現場トップの所長に必ず突きつけられていく。この問いに答える道のりは、果てしなく遠い。

エピローグ

チッ素ガス注入の騒ぎも終わり、事故対応の収束作業がわずかに落ち着きを見せ始めた2011年4月中旬。吉田は、かねてからつきあいのある原発の修復機器の開発メーカーを、福島第一原発に招いた。この後の作業には、遠隔操作のロボット技術が必要だと考え、この方面に詳しい企業に、まずは現場を視察してもらおうと考えたのである。吉田と親交が深かった社長の小林雅弘は、東京電力の社員と現場を回り、夕方、免震棟の吉田に引き上げの挨拶をしようと訪ねた。吉田は忙しげに様々な報告を聞きながら「せっかく来たのだから泊まっていって下さい」と言って聞かなかった。「福島第二原発近くの体育館に作られた宿泊所に一緒に泊まって、いろいろ話をしましょう」と言葉を継いだ。「わざわざ来てくれたのだから、簡単に帰すわけにはいきません」疲れ切っているはずなのに、吉田らしい気遣いだった。

吉田と小林は、一緒に車で福島第二原発近くの体育館に移動し、その片隅で、他の社員と車座になって、コンビニからかき集めたレトルト食品で遅い夕食をとった。食事をしながら、何とはなしに、現場の社員の中には地元福島出身の人も多いという話題になった。自分もそうだという若手の一人が「うちのおじいちゃんが『吉田さん頑張って下さい』と言っていました」と笑顔を見せた。吉田は照れたような表情を見せたが、小林は、「本当に好かれているんだな。部下にも地元にも。信頼されているんだな」と心を揺さぶられた。

その夜、体育館2階の会議室でキャンプ用のロールマットを敷いて、吉田と小林は、隣り合って横になった。「所長は、それなりの場所でちゃんと休まないと」と小林は言ったが、これまた吉田は「一緒に寝ましょう」と言って聞かなかった。

眠りにつくわずかの間にも、吉田は、「事故を起こして本当に申し訳ない」と何度か繰り返した。「あの時、海水をもっと早く入れれば、ここまで行かなかったような気がするのだけれど」としきりに残念がった。誰もが寝静まった深夜だった。何かの気配だろうか。小林がふと目を覚ますと、隣の吉田が、ロールマットの上に正座をしていた。吉田は、何かを祈るように、じっと天井の隅を見つめていた。

翌朝早く、吉田と小林は、車に乗って福島第一原発の免震棟に向かった。事故収束作業の新たな一日が始まろうとしていた。現場トップの一日はきょうも忙しく、場合によっては、また難しい判断を迫られることになるかもしれない。まもなく福島第一原発の構内にさしかかろうとした時だった。突然、吉田が口を開いた。「ちょっと家に寄ってくれませんか」すぐ近くに所長官舎があった。事故後、一度も戻っていないということだった。

「ちょっと待っていて下さい。持ち出すものがあるから」車を停めると、吉田は、小走りで家の中に入っていった。5分程が経った頃だろうか。家から出てきた吉田を見て、小林は、あっと言葉を失った。戻ってくる吉田の胸には、十数冊もの単行本と数珠《じゅず》が愛おしむように抱き抱えられていたのだ。

本はすべて『正法眼蔵《しょうぼうげんぞう》』全集だった。鎌倉時代の仏教者・道元が自己を探求しながら死の直前まで生と死の真相について書き連ねてきた全87巻ある書物である。難解をもって知られるこの書物を吉田が愛読していたことを、小林は思い出した。不意に、小林の脳裏に「覚悟」という言葉がよぎり、しばらくの間、その言葉を頭から消し去ることができなかった。

車は、再び免震棟に向けて走り始めた。吉田と小林は、何事もなかったかのように世間話を続けた。吉田が所長官舎から持ち出してきたものについては、二人とも一言も触れなかった。

吉田は、この半年後、食道がんが見つかり、1年7ヵ月務めた福島第一原発の所長を退任する。懸命の闘病生活が続いたが、2013年7月9日、還らぬ人となった。58歳だった。二見は、闘病中の吉田からメールを受け取っている。そこには、「世間や後世の人たちに伝えることもそれなりにあります」と書かれてあった。吉田が強く望みながらも果たし得なかった、あの未曾有の事故の真相と、そこから浮かび上がる様々な教訓を未来へと伝えていくことは、私たちに課せられた重い責務である。

近堂靖洋（こんどう　やすひろ）
NHKネットワーク報道部　部長

1963年北海道生まれ。本書では「はじめに」と1章・6章と「エピローグ」を執筆。1987年NHK入局。科学文化部や社会部記者として、動燃再処理工場事故や東海村JCO臨界事故の原子力事故をはじめ、オウム真理教事件や北朝鮮による拉致事件、虐待問題などを取材し、NHKスペシャルやクローズアップ現代を制作。福島第一原発事故では、発生当初から事故全般の取材指揮にあたり、NHKスペシャル『メルトダウン』『廃炉への道』などの番組を制作。

藤川正浩（ふじかわ　まさひろ）
NHK科学環境番組部　チーフプロデューサー

1969年神奈川県生まれ。本書では3章を執筆。1992年NHK入局。NHKスペシャル『白神山地　命そだてる森』『気候大異変』など自然環境や科学技術に関する番組を担当。原発関連では、動燃再処理工場事故、東電トラブル隠し、中越沖地震による柏崎刈羽原発への影響などを取材。福島第一原発事故後はNHKスペシャル『知られざる放射能汚染』『メルトダウン』やサイエンスZERO『シリーズ原発事故』など事故関連番組を継続的に制作。

本木孝明（もとき　たかあき）
NHK大分放送局放送部　副部長

1975年東京都生まれ。本書では3章を執筆。1999年NHK入局。宮崎局、大阪局、報道局旧生活情報部で主に遊軍記者として在宅医療・介護、それに看取りの問題などを取材。2013年からは科学文化部で原子力規制委員会や経産省を担当し、原発の新規制基準に基づく審査や廃炉を巡る課題などを取材してクローズアップ現代を制作。NHKスペシャル『メルトダウンⅥ』では、日本の規制当局や関係者の取材を担当。2017年より現職。

鈴木章雄（すずき　あきお）
NHK大型企画開発センター　チーフディレクター

1977年東京都生まれ。本書では4章・5章を執筆。2000年NHK入局。金沢局に4年赴任。その後、報道局を経て現職。福島第一原発事故以降は、同原発や東京電力本店、柏崎刈羽原発の現場を取材し、『東京電力・原子力改革特別タスクフォース』『汚染水』をテーマとしたクローズアップ現代などを手がける。またNHKスペシャル『メルトダウン』『廃炉への道』などのシリーズを制作。原発事故5年目の節目にはNHKスペシャル『原発メルトダウン　危機の88時間』を国内外に向けて放送した。

岡本賢一郎（おかもと　けんいちろう）
NHK科学文化部　記者

1978年香川県生まれ。本書では「プロローグ」と2章を執筆。大学時代に社会学部で青森県六ヶ所村の処分場問題を研究したのを機に、大学院では原子力工学を専攻し、核のごみの地層処分を研究。2004年NHK入局。鳥取局と松江局では主に事件や行政取材を担当。2010年から現所属で先端技術やノーベル賞を取材。福島第一原発事故では、当日から事故対応にあたるとともに廃炉や原子力政策を取材。NHKスペシャル『メルトダウン』や『廃炉への道』を担当。

国枝　拓（くにえだ　たく）
NHK科学文化部　記者

1979年岐阜県生まれ。本書では「プロローグ」と2章を執筆。大学では文学部日本史学科で近現代史を専攻。新聞記者を経て2009年NHK入局。松山局で警察や行政、経済取材のほか、四国電力伊方原発の安全審査の取材を担当後、2014年から現職。東京電力福島第一原発の廃炉・汚染水対策や原発事故の検証を取材。NHKスペシャル『メルトダウン』や『廃炉への道』を担当。

講談社現代新書　2443

福《ふく》島《しま》第《だい》一《いち》原《げん》発《ぱつ》　1《いち》号《ごう》機《き》冷《れい》却《きゃく》「失《しっ》敗《ぱい》の本《ほん》質《しつ》」

二〇一七年九月二〇日第一刷発行　二〇一七年一〇月二〇日第三刷発行

著　者　NHK《エヌエイチケイ》スペシャル『メルトダウン』取材班《しゅざいはん》

発行者　鈴木　哲

発行所　株式会社講談社
東京都文京区音羽二丁目一二―二一　郵便番号一一二―八〇〇一
電　話　〇三―五三九五―三五二一　編集（現代新書）
〇三―五三九五―四四一五　販売
〇三―五三九五―三六一五　業務

装幀者　中島英樹

印刷所　凸版印刷株式会社

製本所　株式会社大進堂

定価はカバーに表示してあります　Printed in Japan

N.D.C. 543.5　284p　18cm
ISBN978-4-06-288443-3

「講談社現代新書」の刊行にあたって

教養は万人が身をもって養い創造すべきものであって、一部の専門家の占有物として、ただ一方的に人々の手もとに配布され伝達されうるものではありません。

しかし、不幸にしてわが国の現状では、教養の重要な養いとなるべき書物は、ほとんど講壇からの天下りや単なる解説に終始し、知識技術を真剣に希求する青少年・学生・一般民衆の根本的な疑問や興味は、けっして十分に答えられ、解きほぐされ、手引きされることがありません。万人の内奥から発した真正の教養への芽ばえが、こうして放置され、むなしく滅びさる運命にゆだねられているのです。

このことは、中・高校だけで教育をおわる人々の成長をはばんでいるだけでなく、大学に進んだり、インテリと目されたりする人々の精神力の健康さえもむしばみ、わが国の文化の実質をまことに脆弱なものにしています。単なる博識以上の根強い思索力・判断力、および確かな技術にささえられた教養を必要とする日本の将来にとって、これは真剣に憂慮されなければならない事態であるといわなければなりません。

わたしたちの「講談社現代新書」は、この事態の克服を意図して計画されたものです。これによってわたしたちは、講壇からの天下りでもなく、単なる解説書でもない、もっぱら万人の魂に生ずる初発的かつ根本的な問題をとらえ、掘り起こし、手引きし、しかも最新の知識への展望を万人に確立させる書物を、新しく世の中に送り出したいと念願しています。

わたしたちは、創業以来民衆を対象とする啓蒙の仕事に専心してきた講談社にとって、これこそもっともふさわしい課題であり、伝統ある出版社としての義務でもあると考えているのです。

一九六四年四月　野間省一

政治・社会

1145 冤罪はこうして作られる　小田中聰樹
1201 情報操作のトリック　川上和久
1488 日本の公安警察――青木理
1540 戦争を記憶する――藤原帰一
1742 教育と国家――高橋哲哉
1965 創価学会の研究――玉野和志
1969 若者のための政治マニュアル――山口二郎
1977 天皇陛下の全仕事――山本雅人
1978 思考停止社会――郷原信郎
1985 日米同盟の正体――孫崎享
2053 〈中東〉の考え方――酒井啓子
2059 消費税のカラクリ――斎藤貴男

2068 財政危機と社会保障――鈴木亘
2073 リスクに背を向ける日本人　山岸俊男　メアリー・C・ブリントン
2079 認知症と長寿社会――信濃毎日新聞取材班
2110 原発報道とメディア――武田徹
2112 原発社会からの離脱　宮台真司　飯田哲也
2115 国力とは何か――中野剛志
2117 未曾有と想定外――畑村洋太郎
2123 中国社会の見えない掟　加藤隆則
2130 ケインズとハイエク　松原隆一郎
2135 弱者の居場所がない社会　阿部彩
2138 超高齢社会の基礎知識　鈴木隆雄
2149 不愉快な現実――孫崎享
2152 鉄道と国家――小牟田哲彦

2176 JAL再建の真実――町田徹
2181 日本を滅ぼす消費税増税――菊池英博
2183 死刑と正義――森炎
2186 民法はおもしろい――池田真朗
2197 「反日」中国の真実――加藤隆則
2203 ビッグデータの覇者たち――海部美知
2232 やさしさをまとった殲滅の時代　堀井憲一郎
2246 愛と暴力の戦後とその後――赤坂真理
2247 国際メディア情報戦――高木徹
2276 ジャーナリズムの現場から　大鹿靖明 編著
2294 安倍官邸の正体――田﨑史郎
2295 福島第一原発事故7つの謎　NHKスペシャル『メルトダウン』取材班
2297 ニッポンの裁判――瀬木比呂志

自然科学・医学